## 甲蟲大小排行榜

日本獨角仙的體長為 55.6mm。

👑 **泰坦大天牛**
200mm ▶P.66

**赫克力士長戟大兜蟲**
178mm ▶P.23

**海神大兜蟲**
160mm ▶P.24

**長夾巨天牛**
150mm ▶P.66

**象兜蟲**
130mm ▶P.24

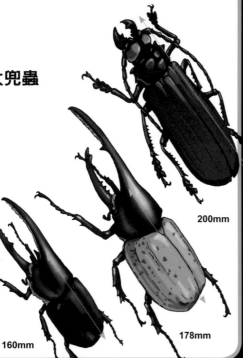

200mm

178mm

160mm

# 昆蟲
## 什麼都能比
## 排行榜！

昆蟲不僅擁有各種能力，
外型也各具特色，
在此以體型大小為主進行排名，
想深入了解各種昆蟲的生態特色，
請務必翻閱本書，進入昆蟲的世界！

---

## 蝴蝶大小排行榜

👑 **亞歷珊卓
皇后鳥翼蝶**
▶P.110

雌蝶 120mm

雄蝶 100mm

👑 **歌利亞
鳥翼鳳蝶**

100mm 左右

日本最大蝴蝶
**白紋鳳蝶**
▶P.81

80mm

---

## 近緣種最多的排行榜

依照是否化蛹、是否擁有堅硬的鞘翅為分類標準，進行大致分類。

👑 **甲蟲類**
約37萬種

**雙翅類**
約15萬種

**蝶、蛾類**
約14萬4000種

**膜翅類**
約14萬4000種

自然百科
004

國立台灣大學名譽教授
楊平世 審定

講談社の動く図鑑MOVE 昆蟲

養老孟司 監修

游韻馨 譯

# 昆蟲百科圖鑑

晨星出版

# 目錄

講談社的動圖鑑 MOVE **昆蟲**

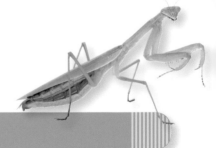

3

# 本書使用方法

本圖鑑介紹主要棲息於日本的昆蟲，和近似昆蟲的蜘蛛等各種族群。
各個近緣種由兩大頁面構成，分別是以照片解說生活習性的「生態頁」，以及包括近緣種在內的「標本頁」。

**標本頁**

## 【特徵・身體構造】

標本頁的開頭頁介紹近緣種共通的外觀特色與身體構造。

## 生態頁

生態頁搭配逼真的昆蟲照片，透過文字詳細解說食物、成長方式、巢穴種類等「生活習性」。

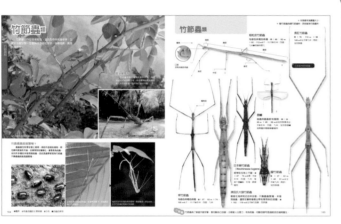

## 【專欄】

利用照片與文章詳細說明有趣的昆蟲特徵，與不可不知的相關知識。

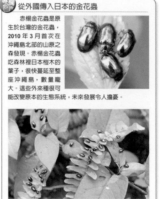

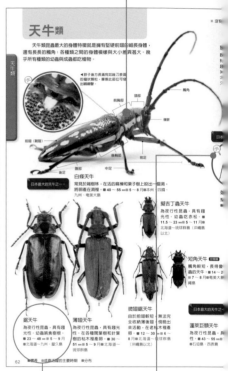

## 【放大圖】

放大體型較小的昆蟲或身體局部，方便讀者辨識。

## 【資料的參考方法】

中文名：介紹常用名稱。

解說：若有個別特徵則加上說明名字。

**詳細資料**

■ 科
若該頁皆為同科昆蟲，標註在頁面上方。

■ 體長（全長・前翅長）
該種類的概略大小。標註方式請參照右頁插圖。

■ 分布
日本大致的分布地區。

■ 棲息處
標註主要的棲息處。

■ 成蟲活躍的主要時期
顯示該種昆蟲開始活動，成蟲活躍的時期。

■ 幼蟲的食物
如果幼蟲有固定食物，標註其最代表性的食物種類。

■ 叫聲
如果是會叫的昆蟲，介紹其叫聲特色。

※ 各近緣種標註的資料項目皆不同，如有尚未釐清的項目則不標註。

※ 有些種類的雄性與雌性在外觀和大小等特徵上差異甚大，雄性以♂標註、雌性以♀標註。

【便利貼】

利用便利貼圖示解說該種專屬的特徵。

符合下列各項的昆蟲，皆標註該圖示。

| 瀕危物種 | 日本環境省列入瀕危物種 I 類與 II 類（2007 年版）的種類。 |
| 外來種 | 從外國引進，在日本繁衍的已知種類。 |
| 2001 年新種 | 2000 年以後登錄的種類（西曆為登錄年分）。 |
| 珍稀種 | 很難發現的珍稀種類。 |

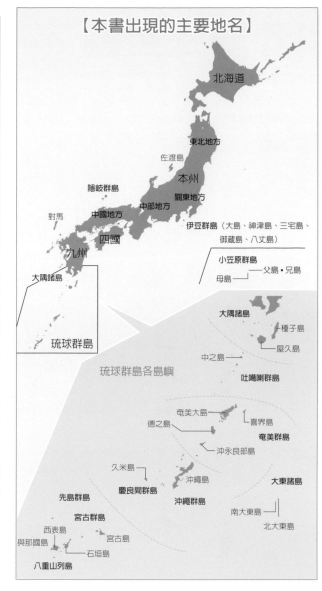

【本書出現的主要地名】

北海道
東北地方
佐渡島
隱岐群島
本州
關東地方
對馬
中國地方
中部地方
九州
四國
大隅諸島
琉球群島
伊豆群島（大島、神津島、三宅島、御藏島、八丈島）
小笠原群島 —— 父島・兄島
母島

琉球群島各島嶼

大隅諸島
種子島
屋久島
中之島 ——
吐噶喇群島
奄美大島 ——
喜界島
德之島
奄美群島
沖永良部島
久米島
沖繩島
大東諸島
慶良間群島
沖繩群島
南大東島
先島群島
宮古群島
北大東島
與那國島
西表島
宮古島
石垣島
八重山列島

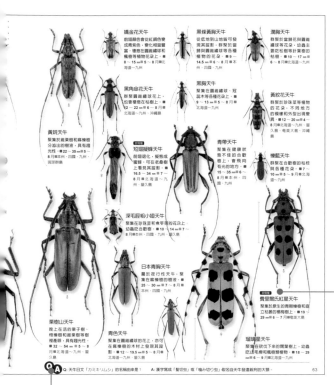

靖金花天牛
前緣顏色會從紅銅色變成紫色、變化相當豐富。群集在薔薇繡球和楓樹等植物花朵上。■8～15 ㎜●5～8月東本州、四國、九州

黑條黃胸天牛
從低地到山地皆可發現其蹤影。群集於薔薇繡球與薔薇等植物的花朵。■9～14.5 ㎜●6～8月北海道～九州

濶胸天牛
群聚於山地薔薇與薔薇繡球等花朵，幼蟲主要吃松樹等針葉樹的枯葉。■10～17 ㎜●6～8月北海道～九州

黑角窄花天牛
群聚薔薇繡球花上，也會棲息在枯樹上。■8～15 ㎜●5～8月北海道～九州、沖繩島

黑胸天牛
聚集在薔薇繡球、豆莖不等各種花朵上。■9～13 ㎜●5～8月北海道～九州

黃紋天牛
群聚於陸蓮菜等植物的花朵。不同地方的四種變型外型出現變異。■12～20 ㎜●4～7月北海道～九州、屋久島、奄美大島、沖繩島

黃斑天牛
聚集於枯菊樹和麻櫟樹分泌出的樹液，具有趨光性。■22～35 ㎜●5～8月東本州、四國、九州、琉球群島

短腿擬蜂天牛
前端退化、擬態成蜜蜂，可在老橡樹上發現其蹤影。■16.5～34 ㎜●7～8月北海道～九州、屋久島

青帶天牛
聚集在健康狀態不佳的合歡樹上、曹飛向有光的地方。■15～35 ㎜●6～8月北海道～九州、屋久島

橡藍天牛
群聚於古歡樹的枯根與各種花朵。■7～10 ㎜●5～9月東北海道～九州

深毛腿粗小翅天牛
聚集在珍珠菜和青茅等植物花叢上，幼蟲吃合歡樹。■10～14 ㎜●7～8月東本州、四國、九州、沖繩島

日本青胸天牛
屬於夜行性天牛，聚集在栗樹等的樹液。■25～30 ㎜●7～8月本州、四國、九州

費里爾氏紅星天牛
聚集於原生的青剛櫟和直立枯木的櫸樹枝上。■19～29 ㎜●6～7月奄美大島

栗橡山天牛
晚上在活的栗子樹、橡樹和柏樹等樹種，具有趨光性。■22～54 ㎜●5～8月北海道～九州、屋久島

青色天牛
聚集在薔薇繡球的花上，亦可在橡樹的木材上發現其蹤影。■12～19.5 ㎜●5～8月北海道～九州、屋久島

瑠璃星天牛
聚集於砍伐下來的闊葉樹上，幼蟲吃山毛櫸和楓樹等植物。■18～29 ㎜●6～9月北海道～九州

Q&A Q：天牛日文「カミキリムシ」的名稱由來是？　A：漢字寫成「髪切虫」或「噛み切り虫」，取名自天牛鋒利的大顎。

63

【Q & A／小常識】 針對該頁刊登的近緣種和種類，介紹有趣的小資訊。

【大小的標註方式】 體型大小的標註方式因各近緣種不同。本圖鑑以下列圖示顯示體型大小。

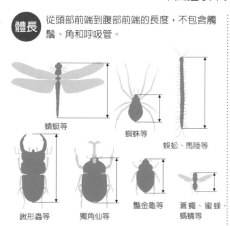

體長 從頭部前端到腹部前端的長度，不包含觸鬚、角和呼吸管。

蜻蜓等
蜘蛛等
蜈蚣、馬陸等
鍬形蟲等
獨角仙等
豔金龜等
蒼蠅、蜜蜂螞蟻等

前翅長 從前翅根部到前端的斜線長度。

蝴蝶、蛾等
蜉蝣、脈翅目等

全長 包含突出於頭部前端的翅膀前端長度。腹部突出於翅膀前端的昆蟲，則包含腹部前端的長度。此外，雌性螳蟲包含產卵管前端。

蝗蟲、螽斯、蟋蟀等
蟬等

大小圖示
刊載時如變更過大小，會在標本旁標示實際大小。未標註大小圖示者，可能為實體大小；或在頁面上方標註放大縮小的倍率。

原寸
300%

實體大小圖示・倍率圖示
如該頁所有標本皆非實體大小，會在標本旁標註原寸（實體大小）圖示。
如該頁所有標本的縮放倍率皆不同，則在標本旁標註倍率圖示（數字為放大倍率）。

# 什麼是昆蟲？

獨角仙、蝴蝶、蜻蜓、蝗蟲的外觀看起來完全不一樣，但牠們都是昆蟲。昆蟲在分類上屬於無脊椎動物中的節肢動物門，節肢動物除了昆蟲之外，還包括蜘蛛、蜈蚣等生物。

**昆蟲種類** 昆蟲分成「完全變態」、「不完全變態」、「無變態」三大類，其中又可再分成鞘翅目（甲蟲）、鱗翅目（蝴蝶和蛾類）等小分類。

● 完全變態的類群 ●

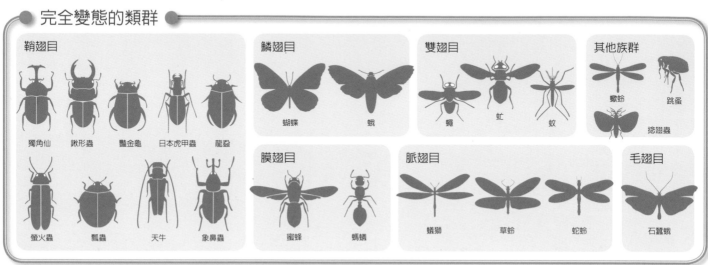

鞘翅目
獨角仙　鍬形蟲　豔金龜　日本虎甲蟲　龍蝨
螢火蟲　瓢蟲　天牛　象鼻蟲

鱗翅目
蝴蝶　蛾

雙翅目
蠅　虻　蚊

其他族群
蠍蛉　跳蚤　撚翅蟲

膜翅目
蜜蜂　螞蟻

脈翅目
蟻獅　草蛉　蛇蛉

毛翅目
石蠶蛾

● 不完全變態的類群 ●

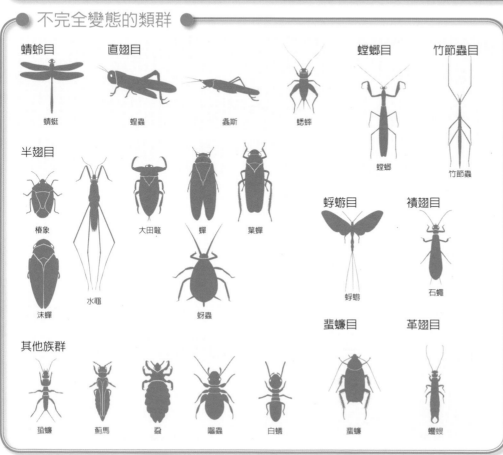

蜻蛉目
蜻蜓

直翅目
蝗蟲　螽斯　蟋蟀

螳螂目
螳螂

竹節蟲目
竹節蟲

半翅目
椿象　大田鱉　蟬　葉蟬　沫蟬　水黽　蚜蟲

蜉蝣目
蜉蝣

襀翅目
石蠅

蜚蠊目
蜚蠊

革翅目
蠼螋

其他族群
蝨蟲　薊馬　蝨　囓蟲　白蟻

● 無變態的族群 ●

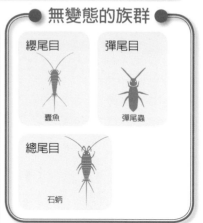

纓尾目
蠹魚

彈尾目
彈尾蟲

總尾目
石蛃

● 昆蟲以外 ●

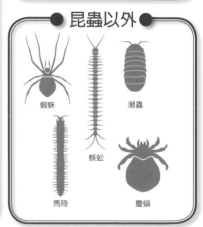

蜘蛛　潮蟲　蜈蚣　馬陸　塵蟎

## 昆蟲身體

不同族群的昆蟲外觀截然不同，但有幾個共通之處。

- 身體分成頭部、胸部與腹部等 **3** 節。

- 有 **6** 隻腳，全部從胸部長出來。

- 翅膀分成 **2** 片前翅與 **2** 片後翅，不過有些種類的後翅退化，有些則沒有翅膀。

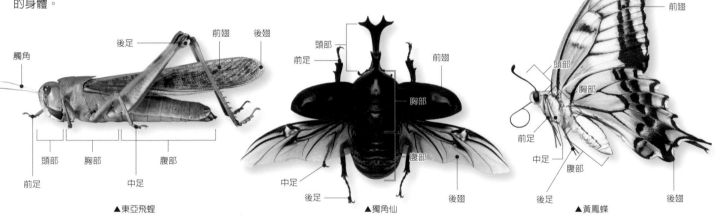

前足　複眼　觸角
頭部
胸部
前翅
後翅
腹部
中足
後足

▲東方蜂

### ● 各種昆蟲身體

各種類的昆蟲演化出符合生活習性與棲息地特性的身體。

觸角
後足　前翅　後翅
頭部　胸部　腹部
前足　中足

▲東亞飛蝗

頭部
前足
胸部
腹部
中足
後足

▲獨角仙

前翅
頭部
胸部
前足
中足
腹部
後足
後翅

▲黃鳳蝶

### ● 觸角

頭部有 **2** 根觸角，可感應味道與形狀。

▲日本天蠶蛾的觸角

▲白條天牛的觸角

### ● 複眼

多數昆蟲都有一對複眼。複眼是由多個小眼集結而成，可分辨物體形狀與顏色。

▲綠胸晏蜓的大複眼

### ● 氣孔

昆蟲透過位於體側或腹部的氣孔呼吸空氣。

▲獨角仙的氣孔

### ● 外骨骼

昆蟲沒有人類般的骨骼，身體四周包覆一層硬皮，內側為肌肉。稱為外骨骼。

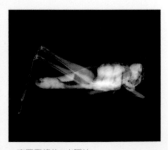

▲東亞飛蝗的**X**光照片

# 昆蟲是異形？

許多昆蟲的長相和外型十分特別，令人無法想像。為什麼牠們的外表如此驚人？

▼長長的頭部為最大特色的尖頭螳螂雄蟲。（馬來西亞）

# 簡直就是外星人

# 搞笑諧星

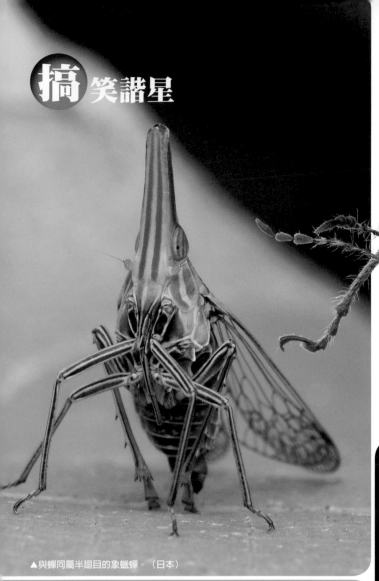

▲與蟬同屬半翅目的象蠟蟬。（日本）

# 毛絨絨的大象？

▲屬於象鼻蟲一種的剪枝櫟實象鼻蟲。（日本）

# 時尚的頭部造型

▲棲息於中南美洲熱帶地區的巴西角蟬。

# 長角的怪獸

▲長著怪異長角的鹿角蠅。（澳洲）

# 昆蟲奇妙的一生

昆蟲的生活習性十分多樣，有些昆蟲過著規律的集體生活，有些昆蟲在不同時期或因應不同目的改變外在樣貌，有些昆蟲運用某些方式與夥伴互相傳遞心情。

▼從閃耀銀色光毛的繭羽化的馬達加斯加長尾水青蛾。（馬達加斯加島）

**覺**醒

# 五 馬分屍

▲將入侵者五馬分屍的黃猄蟻。（馬來西亞）

## 愛 的禮物

▲雄性蚊蠍蛉送食物給雌性蚊蠍蛉。（澳洲）

## 揹 著屍體

▲紅領食蟲椿象族群的幼蟲將螞蟻揹在身上吸食其體液，並將螞蟻屍體黏在背上四處走。昆蟲學家認為牠利用這個方法偽裝成螞蟻接近獵物，同時又可躲避天敵攻擊。

▲揹著螞蟻屍體的幼蟲蛻皮後，變成顏色鮮豔的成蟲，外型截然不同。右邊為黏著螞蟻屍體的舊外殼。

# 閃閃發亮的昆蟲

有些昆蟲種類呈金黃色，或閃耀著寶石般的光芒。牠們為什麼會發出美麗的光彩？

▶異紋紫斑蝶的蛹與周遭相互輝映。（西表島）

**黃**色的蛹

▼在樹枝上的莫瑟里黃金鬼鍬形蟲。（馬來西亞）

▲在葉片上行走的華麗金屬螳。（馬來西亞）

# 反射光線 發出閃耀光芒

◀宛如純金打造的寶石金龜。
（哥斯大黎加）

▲停在樹葉上的透頂單脈色蟌。（奄美大島）

▲飛向花朵的優格薩屬蘭花蜜蜂。（巴拿馬）

# 昆蟲的隱身術

昆蟲是捉迷藏高手，不只能化身為森林中的樹葉或枝幹，還能隱身沙地，讓人完全無法分辨。你看出牠藏在哪裡了嗎？

## 你在哪裡？

▲和樹枝一模一樣的苔蘚露螽。（哥斯大黎加）

▲身體極似樹葉的葉䗛。（馬來西亞）

▲隱身在森林裡的霜降擬葉螽斯。（哥斯大黎加）

▲完全融入沙地的偽長翅菱蝗。（日本）

▲身體顏色與地衣類植物毫無二致的日本樹蟻蛉幼蟲。（日本）

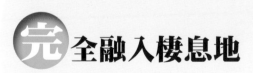

# 完全融入棲息地

▲看似樹皮的雙峰褐冬尺蛾。（日本）

# 哇！讓人嚇一跳的昆蟲

昆蟲生氣時會張開翅膀或前足，威嚇對方。

## 讓 身體變大

▲ 倒吊威嚇的魔花螳螂。（肯亞）

▲ 倒立威嚇的扁竹節蟲。（馬來西亞）

▲ 張開翅膀，讓身體變大的日本蟋螽。（日本）

# 會飛的昆蟲

昆蟲利用全身各部位在空中飛行，有些很會飛，有些則不然。

## 張開翅膀飛起來

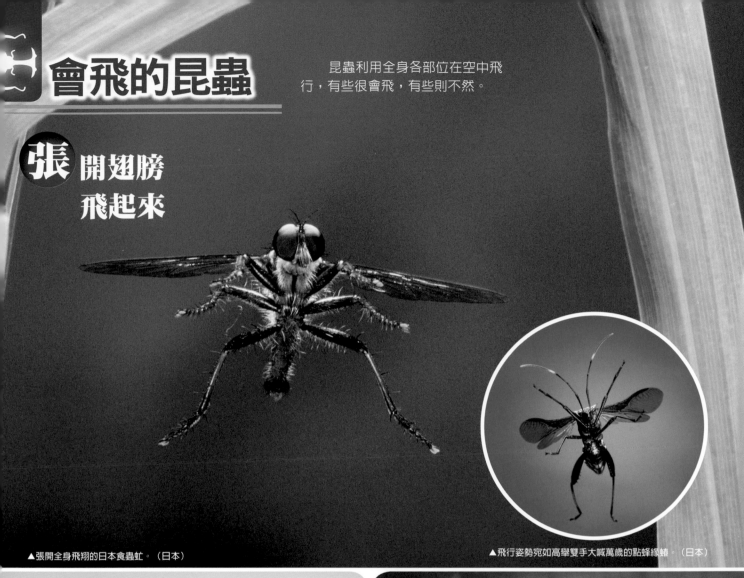

▲張開全身飛翔的日本食蟲虻。（日本）

▲飛行姿勢宛如高舉雙手大喊萬歲的點蜂緣蝽。（日本）

▲鋸鍬形蟲起飛的瞬間。（日本）

▲邊飛邊威嚇敵人的大虎頭蜂。（日本）

# 來一場昆蟲探險！

各位如果看了圖鑑，想進一步了解昆蟲，不妨來一場昆蟲探險！或許下一個發現新種昆蟲的就是你！

養老老師的話

養老孟司教授
（解剖學家、東京大學名譽教授）

## 一起採集新種昆蟲！

其實我也發現過新種昆蟲。

那是在我第一次到不丹時發生的事。各位知道不丹在哪裡嗎？不丹位於印度北邊、喜馬拉雅山南邊，是一個很小的國家。當時我去錄電視節目，趁著空檔的時候在附近尋找昆蟲。

不丹首都廷布是個位於山谷裡的小城市，當時人口只有三萬左右。山谷裡長滿松樹，幾乎所有樹木都是松樹。飯店庭院裡也有松樹。我望著松樹發呆，發現樹幹上有小蟲，那是象鼻蟲。當時我剛好在找象鼻蟲，所以看到那隻蟲，我覺得好幸運。

我在不丹四處遊覽，發現到處都是松樹。松樹上有象鼻蟲，而且有好幾隻，在樹幹上走著。

新發現！

不丹寬鼻象蚺

松樹會分泌樹脂，若昆蟲沾到樹脂就會黏在樹上。有些瓢蟲等昆蟲就這樣黏在樹上，完全無法掙脫。若將包覆昆蟲的樹脂埋在地底下，經過幾百萬年或幾千萬年就會變成琥珀。這就是琥珀裡經常有昆蟲的原因。神奇的是，這棵松樹上有好幾隻象鼻蟲，卻沒有一隻被樹脂黏住，明明數量這麼多，卻完全沒事。我覺得很不可思議。

回家後我查遍文獻資料，卻找不到那群象鼻蟲叫什麼名字。我甚至前往倫敦博物館調查，結果還是一無所獲。換句話說，我發現新種了。十多年後，我為牠取名，公開發表。這是我第一次發現的新種昆蟲。

如今有許多象鼻蟲的新種陸續發表。我每年都會去寮國採集昆蟲，我在當地採集的象鼻蟲有八成都沒有名字。這些也是新種。這個世界上還有許多新種昆蟲，日本是否也有？我相信一定有。不過，珍稀種不是新種，過去從來沒有人發現過的種，才是新種。

▲養老教授在不丹的這間飯店發現不丹寬鼻象蚺。

# 發現夢幻天牛！

發現者：高桑正敏 （神奈川縣立生命之星・地球博物館 名譽館員）

我從小就熱愛昆蟲，唸大學時我決定專門採集日本的天牛。當時我心中懷抱著夢想，希望有一天能發現新種。不過，我從沒想過這個夢想會實現。

沒想到十九歲那年，我在北海道發現一種未知天牛，二十歲時又在南九州採集到兩種可能是新種的天牛。特別是我在屋久島山上採集的那一隻，我一看到牠的瞬間就知道我發現新種了，那是我從未見過的天牛。我興奮到全身發抖，開心地請專家鑑定，結果發現那不是新種。不過那是新亞種，我可以為牠取學名，所以我已經心滿意足了。

二十八歲時，我前往有「東方的加拉巴哥群島」之稱的南方島嶼小笠原島進行調查。我走在沒有路的路上，汗流浹背地爬上被濃霧壟罩的山頂。我脫下上衣，採集被風往上吹的昆蟲，有一隻飛得很快的黑色小蟲吸引了我的注意。我趕緊放下捕蟲網，探頭一看，發現一隻我從未見過的美麗天牛。我心中的感動無法用言語形容，那是只有我才明白的幸福時刻。我發現的是天牛界中十分罕見的種 *Xylotrechus takakuwai*，後來沒有明確紀錄，我抓到的那隻成為日本僅存的標本，現在正收藏在國立科學博物館中。

日本的天牛研究十分興盛，無法發現新種也情有可原，但在東南亞、非洲、中美洲與南美洲還有發現天牛新種的可能性。若是天牛之外的甲蟲，日本對於隱翅蟲科、象鼻蟲科等體型微小的種，和棲息在落葉下方的種，還有許多研究空間，相信未來一定會發現許多新種。不只是小型甲蟲，仍需積極研究的蜜蜂與蠅類昆蟲也是如此。各位不妨嘗試採集與研究，體驗找到新種時的感動之情。

新發現！

*Xylotrechus takakuwai*

▲發現 *Xylotrechus takakuwai* 開心不已的高桑老師。

# 在最北島嶼發現奇蹟的步行蟲

2004 年 11 月，有一個天大的好消息在昆蟲研究家之間掀起熱烈討論。有人在北海道沿海的利尻島山上，找到從未有人發現過，閃耀金綠色光芒的絕美步行蟲。

第一位發現者是住在愛知縣的天野正晴，他在 2001 年夏天登山時，撿到一隻死亡的雌性步行蟲。三年後，全球知名的步行蟲研究家井村有希看到那隻雌性步行蟲的照片，一眼便看出那是日本從未發現過的步行蟲，於是她立刻組成「夢幻步行蟲調查隊」，取得特別許可後，前往利尻島（未經相關單位許可，任何人都不可在利尻島山頂捕捉生物）。

在為期十二天的調查尾聲，調查隊成員永幡嘉之發現一隻雌性步行蟲。經過詳細鑑定，發現那是近似棲息於俄羅斯的 *Hemicarabus macleayi* 新亞種，取名為 *Hemicarabus macleayi amanoi*。井村一行人隔年重回利尻島，繼續尋找去年沒發現的雄蟲。最後不僅採集到雄蟲，更成功釐清 *Hemicarabus macleayi amanoi* 從產卵到長成幼蟲，化蛹並破蛹而出變成成蟲的生態細節。

（報告：伊藤 彌壽彥） （自然史影像製作製作人）

新發現！

▲發現夢幻步行蟲的利尻岳

*Hemicarabus macleayi amanoi*

# 獨角仙類

　　獨角仙與鍬形蟲都是擁有硬鞘的甲蟲類（鞘翅目）。鞘翅目包含許多昆蟲，除了獨角仙與鍬形蟲之外，還有天牛、螢火蟲、象鼻蟲等類群，日本約有一萬種。甲蟲類從幼蟲到成蟲需經歷化蛹過程，因此屬於「完全變態」昆蟲。

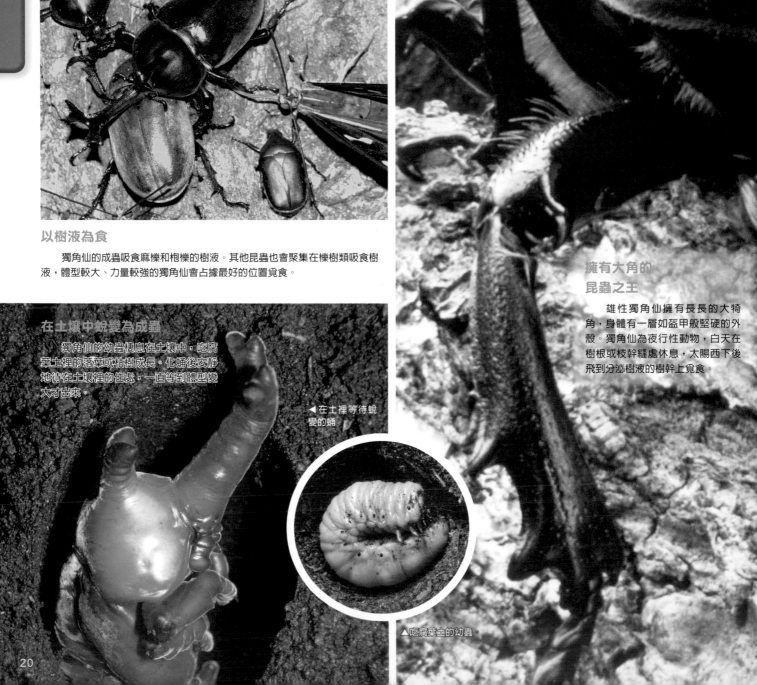

▼聚在一起吸食樹液的獨角仙和其他昆蟲。

## 以樹液為食

　　獨角仙的成蟲吸食麻櫟和枹櫟的樹液。其他昆蟲也會聚集在櫟樹類吸食樹液，體型較大、力量較強的獨角仙會占據最好的位置覓食。

## 擁有大角的昆蟲之王

　　雄性獨角仙擁有長長的大犄角，身體有一層如盔甲般堅硬的外殼。獨角仙為夜行性動物，白天在樹根或枝幹縫隙處休息，太陽西下後飛到分泌樹液的樹幹上覓食。

## 在土壤中蛻變為成蟲

　　獨角仙的幼蟲棲息在土壤中，吃腐葉土裡的落葉或枯樹成長。化蛹後安靜地待在土壤裡的佳處，一直等到體型變大才出來。

◀在土裡等待蛻變的蛹。

▲吃腐葉土的幼蟲。

▼雄性獨角仙打架時會用頭上的犄角互相攻擊。

▼雄性獨角仙飛行的模樣。

## 為爭奪雌蟲而打架

獨角仙的角是用來捍衛地盤、爭奪雌蟲的武器。雄性獨角仙會將長角伸入對方的身體下方,將對方翻過來。

## 不擅長飛行

獨角仙會飛,透明的後翅藏在堅硬的鞘翅下方。可惜獨角仙太重,飛行技巧不佳。

# 獨角仙類

獨角仙和豔金龜皆屬於金龜子科的昆蟲，日本有 5 種獨角仙近緣種，共通點是擁有堅硬鞘翅，體型呈圓弧形。只有雄性獨角仙才有犄角，這是雄蟲在爭奪雌蟲時使用的武器。

觸角　口器　複眼
口器呈刷子狀，用來舔食樹液。

前翅

角
角
頭部

前胸部

前足

小盾片

後翅

氣孔
透過位於側腹部的氣孔呼吸。

腹部

後足

中足

♂

雌性獨角仙的體型比雄性小，頭上沒有犄角。

台灣兜蟲 外來種
幼蟲專吃椰子和甘蔗的樹根，屬於害蟲。■33 ～ 47 mm■全年■琉球群島（奄美大島以南）

♀　♂

微獨角仙
棲息在枯樹中，會受到燈光吸引。有時會吃昆蟲屍體。■18 ～ 26 mm■4 ～ 9 月■北海道～琉球群島

## 獨角仙

雄性有兩隻大角，若包含角，全長最大可達 85mm。沖繩原生的雄性獨角仙角較短，屬於兜蟲亞科，稱為沖繩獨角仙。
■27 ～ 55.6 mm■6 ～ 9 月■北海道～九州、屋久島、奄美大島、沖繩島

♀

寡點蔗龜 珍稀種
無論雄蟲或雌蟲都沒有犄角。■12 ～ 15 mm■5 ～ 10 月■寶島、喜界島、沖永良部島、粟國島

2002 年新種　珍稀種
椰子犀角金龜
到目前為止只發現幾隻的珍稀甲蟲。■45 ～ 48 mm■南大東島

♀

# 全球獨角仙類

## 美洲 1

中美洲到南美洲的熱帶雨林，棲息著全世界最多種獨角仙。

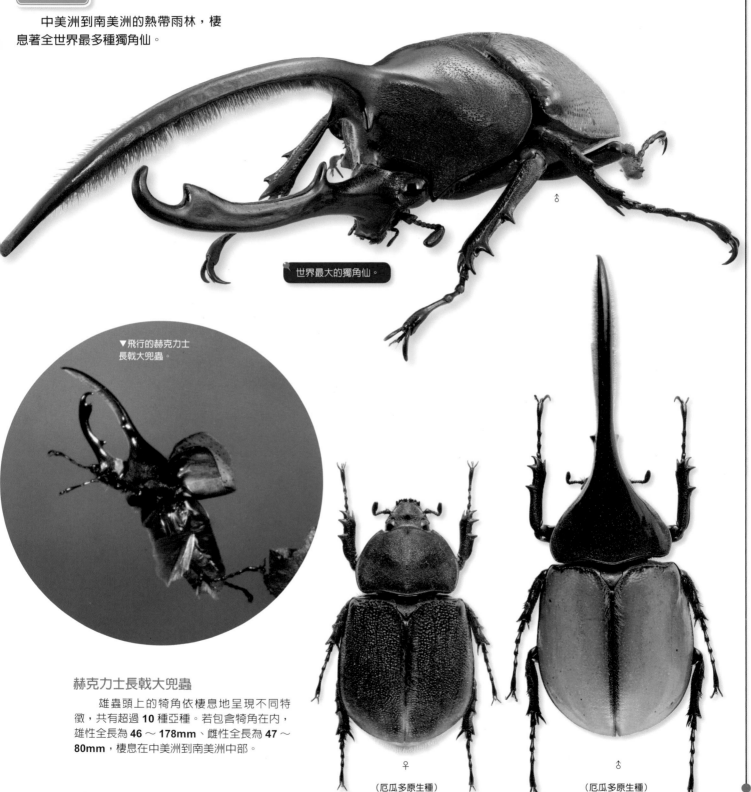

世界最大的獨角仙。

▼飛行的赫克力士長戟大兜蟲。

### 赫克力士長戟大兜蟲

　　雄蟲頭上的犄角依棲息地呈現不同特徵，共有超過 **10** 種亞種。若包含犄角在內，雄性全長為 **46 ～ 178mm**、雌性全長為 **47 ～ 80mm**，棲息在中美洲到南美洲中部。

♀
（厄瓜多原生種）

♂
（厄瓜多原生種）

美洲 2

※ 此頁標本皆為實體大小。

全球最重的獨角仙之一。

**海神大兜蟲**
雄蟲全長 55 ～160mm，棲息於委內瑞拉、哥倫比亞、祕魯、厄瓜多等南美洲國家。

**象兜蟲**
雄蟲全長 50 ～ 130mm，棲息在墨西哥到哥倫比亞一帶。

**美西白兜蟲**
雄蟲全長 35 ～85mm，棲息於美國南部。

**大雨傘豎角兜蟲**
雄蟲全長 40 ～65mm，棲息於巴拿馬到玻利維亞等中南美洲一帶。

**筆兜**
雄蟲全長 45 ～80mm，棲息在法屬圭亞那、巴西、巴拉圭，哥倫比亞到玻利維亞一帶。

**圭亞那三角兜蟲**
雄蟲全長 50 ～ 81mm，棲息在法屬圭亞那。

**撒旦大兜蟲**
犄角內部長滿毛，雄蟲全長 55 ～ 115mm，棲息在玻利維亞。

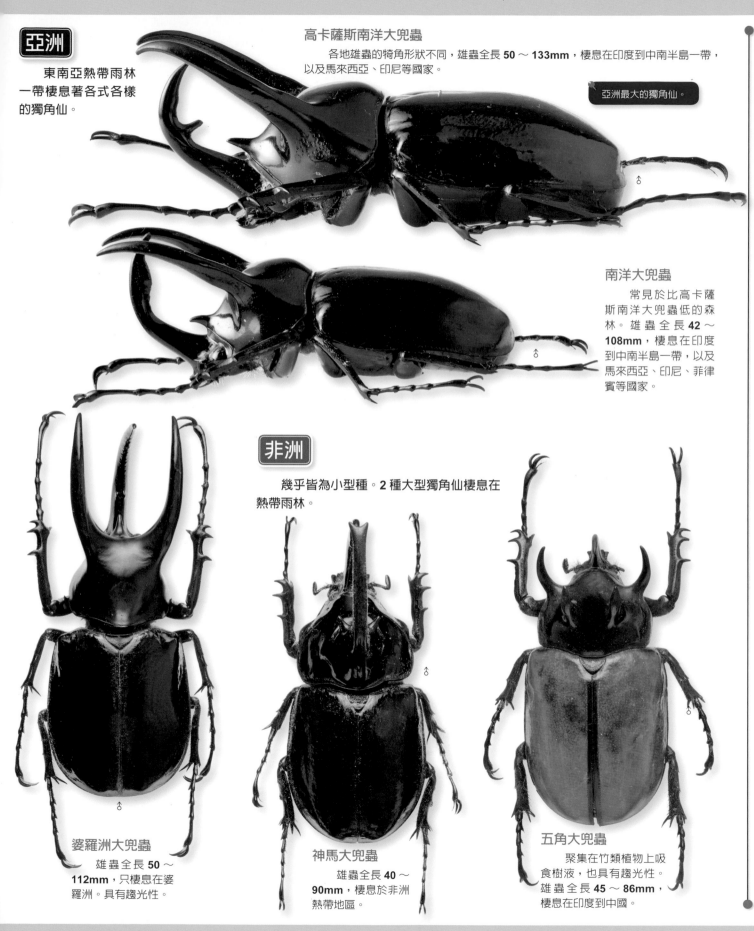

　　東南亞熱帶雨林一帶棲息著各式各樣的獨角仙。

**高卡薩斯南洋大兜蟲**

　　各地雄蟲的犄角形狀不同，雄蟲全長 50 ～ 133mm，棲息在印度到中南半島一帶，以及馬來西亞、印尼等國家。

亞洲最大的獨角仙。

**南洋大兜蟲**

　　常見於比高卡薩斯南洋大兜蟲低的森林。雄蟲全長 42 ～ 108mm，棲息在印度到中南半島一帶，以及馬來西亞、印尼、菲律賓等國家。

**非洲**

　　幾乎皆為小型種。2 種大型獨角仙棲息在熱帶雨林。

**婆羅洲大兜蟲**

　　雄蟲全長 50 ～ 112mm，只棲息在婆羅洲。具有趨光性。

**神馬大兜蟲**

　　雄蟲全長 40 ～ 90mm，棲息於非洲熱帶地區。

**五角大兜蟲**

　　聚集在竹類植物上吸食樹液，也具有趨光性。雄蟲全長 45 ～ 86mm，棲息在印度到中國。

## 鍬形蟲的生活習性

　　鍬形蟲的幼蟲在枯樹中成長，成蟲後吸食樹液，這一點與獨角仙相同。雄蟲口器的一部分特化為大顎，其形狀與大小依種類而異。

▲張開大顎的雄性鋸鍬形蟲。

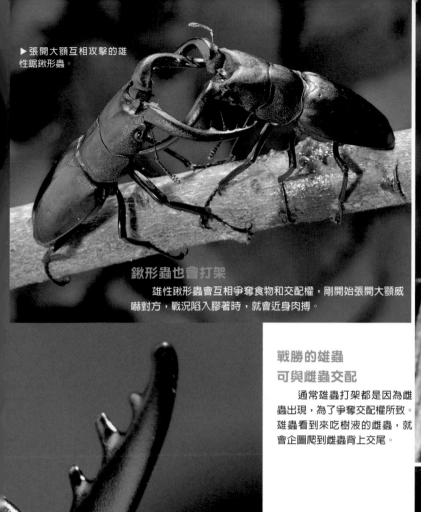

▶張開大顎互相攻擊的雄性鋸鍬形蟲。

### 鍬形蟲也會打架

雄性鍬形蟲會互相爭奪食物和交配權，剛開始張開大顎威嚇對方，戰況陷入膠著時，就會近身肉搏。

### 戰勝的雄蟲可與雌蟲交配

通常雄蟲打架都是因為雌蟲出現，為了爭奪交配權所致。雄蟲看到來吃樹液的雌蟲，就會企圖爬到雌蟲背上交尾。

▲交尾中的鋸鍬形蟲。

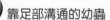

▼可清楚看到大顎形狀的雄性蟲蛹（高砂深山鍬形蟲）。

### 與枯木一起生存的幼蟲和蛹

枯木受到細菌和真菌的分解後，成為鋸鍬形蟲幼蟲的棲身處，也是其食物來源。幼蟲在枯木中吃碎屑長大。

▲挖枯木碎屑吃的幼蟲

---

**專欄** 靠足部溝通的幼蟲

鋸鍬形蟲的幼蟲摩擦位於足部內側如銼刀般的器官，發出人類聽不見的超音波。幼蟲就靠這股「聲音」互相溝通，避免在枯木中相撞。

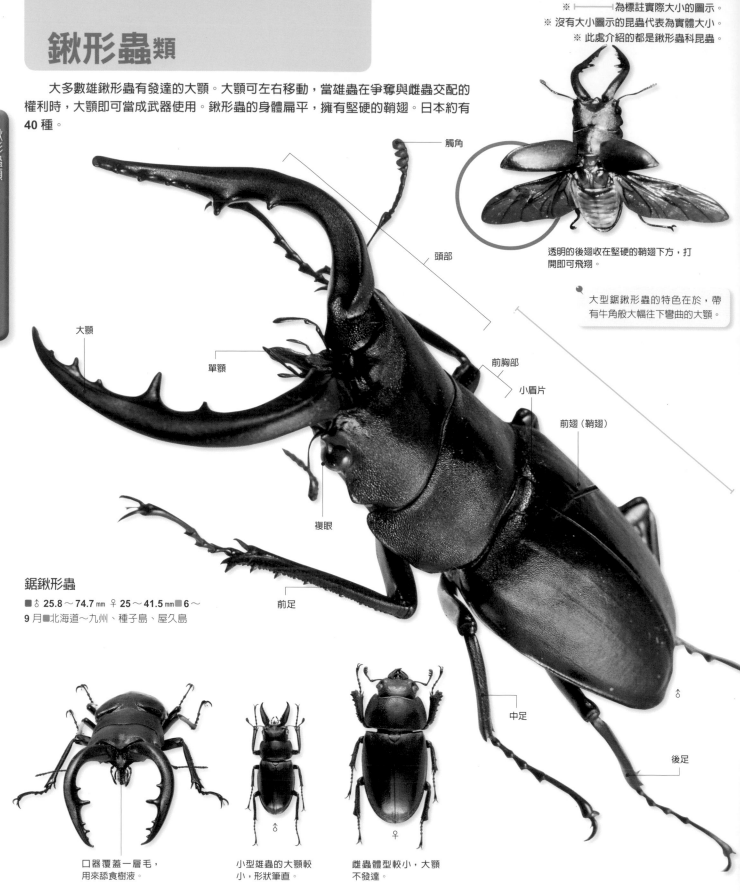

# 鍬形蟲類

大多數雄鍬形蟲有發達的大顎。大顎可左右移動，當雄蟲在爭奪與雌蟲交配的權利時，大顎即可當成武器使用。鍬形蟲的身體扁平，擁有堅硬的鞘翅。日本約有40種。

※ ┣━━━━┫為標註實際大小的圖示。
※ 沒有大小圖示的昆蟲代表為實體大小。
※ 此處介紹的都是鍬形蟲科昆蟲。

透明的後翅收在堅硬的鞘翅下方，打開即可飛翔。

大型鋸鍬形蟲的特色在於，帶有牛角般大幅往下彎曲的大顎。

觸角

頭部

大顎

單顎

前胸部

小盾片

前翅（鞘翅）

複眼

前足

中足

後足

## 鋸鍬形蟲

■♂ **25.8～74.7** mm ♀ **25～41.5** mm ■ **6～9** 月■北海道～九州、種子島、屋久島

口器覆蓋一層毛，用來舐食樹液。

小型雄蟲的大顎較小，形狀筆直。

雌蟲體型較小，大顎不發達。

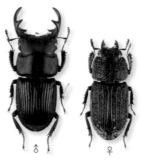

（沖繩原生種）（奄美大島原生種）

## 肥角鍬形蟲

大顎形狀依棲息地點產生變異。
■ ♂ 13.4 ～ 33 mm ♀ 14 ～ 27 mm ■ 6 ～
9 月 ■ 本州、四國、九州、琉球群島

濒危物種

## 日本大鍬形蟲

■ ♂ 27 ～ 77 mm ♀ 25 ～ 47 mm
■ 5 ～ 9 月 ■ 北海道～九州

> 日本最大的鍬形蟲是日本大鍬形蟲、扁
> 鍬形蟲、高砂深山鍬形蟲的雄蟲；最小
> 的是斑紋鍬形蟲。

## 馬糞鍬形蟲

看起來很像豔金龜。■
♂ 7 ～ 8.5 mm ♀ 8 ～ 9.3
mm ■ 4 ～ 6 月 ■ 北海道、
本州

## 斑紋鍬形蟲

日本最小的鍬形蟲。■
4 ～ 6 mm ■ 5 ～ 7 月 ■ 北
海道、本州、四國、屋久
島

## 高砂深山鍬形蟲

■ ♂ 31.5 ～ 78.6 mm ♀ 25 ～ 46.8
mm ■ 6 ～ 9 月 ■ 北海道～九州

## 扁鍬形蟲

受到棲息地影響，
演化出許多變異
種。■ ♂ 22 ～ 82 mm
♀ 20 ～ 44 mm ■ 5 ～ 9
月 ■ 本州～琉球群島

## 豆鍬形蟲

■ 8 ～ 12 mm ■ 全年 ■ 本州
（紀伊半島沿岸）、四國、
九州、伊豆諸島、琉球群島

## 日本姬鍬形蟲

日本北海道到九州最常見的鍬形蟲之一。
■ ♂ 17.8 ～ 54.4 mm ♀ 21.6 ～ 29.9 mm ■ 5 ～
9 月 ■ 北海道～琉球群島（吐噶喇群島以北）

（本州原生種）　　　　　（西表島原生種）

## 矮鍬形蟲

■ 9 ～ 16 mm ■ 全年 ■ 本州
（關東地方以西）、四國、
九州、御藏島、八丈島

鍬形蟲類

**姫大鍬形蟲**
■ ♂ 29 ～ 58 mm ♀ 26.3 ～ 42 mm
■ 6 ～ 10 月■北海道～九州

**八重山圓翅鍬形蟲** 珍稀種
在地上行走的鍬形蟲。■
♂ 32.6 ～ 69.2 mm ♀ 38.4 ～
57 mm■ 10 ～ 11 月■石垣島、
西表島、與那國島

**紅圓翅鍬形蟲** 瀕危物種
■ ♂ 44.3 ～ 65.2 mm ♀ 42 ～
52.8 mm■ 8 ～ 10 月■奄美大島、
德之島

**日本條紋扁鍬形蟲**
主要為夜行性，白天藏身在
樹根土縫。■ ♂ 23 ～ 70.1 mm
♀ 26.2 ～ 41.2 mm ■ 6 ～ 9 月■
奄美大島、德之島

**日本茶色圓翅鍬形蟲**
整天在空中飛翔，雄蟲
會在森林地上四處走，
尋找雌蟲。■ ♂ 20.4 ～
36.6 mm ♀ 20.1 ～ 29.2
mm■ 9 ～ 11 月■石垣島、
西表島

**沖繩圓翅鍬形蟲** 瀕危物種
在地上行走的鍬形蟲。
■ ♂ 42.4 ～ 70 mm ♀ 40 ～
55.6 mm■ 10 月■沖繩島

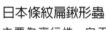

**條紋鍬形蟲**
■ ♂ 15 ～ 38.4 mm ♀ 14 ～ 24.2 mm
■ 5 ～ 9 月■北海道～九州、屋久島

**紅腿刀鍬形蟲**
足部與側腹部為紅
色。■ ♂ 23.4 ～ 58.5
mm ♀ 24.9 ～ 38 mm■ 6 ～
10 月■北海道～九州

**豔澤鍬形蟲**
■ ♂ 12.1 ～ 23.2 mm
♀ 11.8 ～ 16.7 mm ■
7 ～ 9 月■北海道～
九州

（奄美大島原生種）

## 奄美鋸鍬形蟲
受到棲息島的環境影響產生變異。■ ♂ 24.5 〜 79.5 mm ♀ 20.3 〜 40.4 mm ■ 6 〜 10 月■琉球群島（吐噶喇群島〜沖繩島）

（奄美大島原生種）

## 八丈島鋸鍬形蟲
在森林的地面行走，幾乎不飛。■ ♂ 27.4 〜 59.2 mm ♀ 23 〜 40 mm ■ 5 〜 9 月■八丈島

## 直顎鏽鍬形蟲
身體表面沾附泥土。
■ ♂ 14.8 〜 26.2 mm
♀ 17 〜 22.1 mm ■ 6 〜
10 月 ■ 九州（佐多岬）、德之島

## 東北鬼鍬形蟲
■ ♂ 20 〜 38 mm ♀ 20 〜 23.3 mm ■ 7 〜 9 月■對馬

## 八重山鋸鍬形蟲
珍稀種
■ ♂ 22.4 〜 63.5 mm
♀ 19.9 〜 33.5 mm ■ 5 〜 9 月■石垣島、西表島

## 矩鍬形蟲 珍稀種
■ ♂ 22 〜 48 mm ♀ 19.5 〜 30.4 mm
■ 6 〜 9 月■奄美大島、德之島

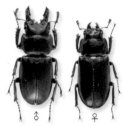

## 御藏深山鍬形蟲
在地上生活，在森林地面行走。不會飛。■ ♂ 23.6 〜 34.7 mm ♀ 25 〜 26.5 mm ■ 5 〜 7 月■御藏島、神津島

## 鬼鍬形蟲
■ ♂ 17 〜 26.1 mm ♀ 16 〜 23 mm ■ 7 〜 9 月■北海道〜九州

# 琉璃鍬形蟲類

## 琉璃鍬形蟲
■ ♂ 9 〜 14.3 mm
♀ 8 〜 12.2 mm ■ 5 〜 8 月■本州、四國、九州

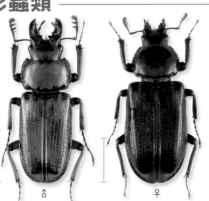

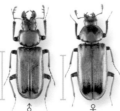

## 細豔琉璃鍬形蟲
■ ♂ 9 〜 13 mm ♀ 8 〜 12 mm ■ 5 〜 7 月■本州

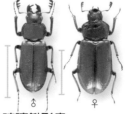

## 小琉璃鍬形蟲
依棲息地區不同分成幾種。■ ♂ 8.5 〜 14 mm ♀ 8 〜 12 mm ■ 5 〜 7 月■本州、四國、九州

## 高根琉璃鍬形蟲
2007 年新種
■ ♂ 10.2 〜 12.5 mm ♀ 9.2 〜 12.1 mm ■四國（石鎚山系）

**Q** **A** Q: 是否有肉食性鍬形蟲？　　A: 矮鍬形蟲和豆鍬形蟲的成蟲有時也會吃其他昆蟲。

# 全球鍬形蟲類

目前已知全球大約有 **1500** 種鍬形蟲，大型鍬形蟲的雄蟲具有發達的大顎。

**亞洲** 幾乎所有大型鍬形蟲都棲息在東南亞熱帶雨林。

※ ├──────┤為標註實際大小的圖示。
※ 沒有大小圖示的昆蟲代表為實體大小。

世界最大的鍬形蟲。

♂

### 長頸鹿鋸鍬形蟲

　　大顎齒型依地區而異，學名 *Prosopocoilus giraffa* 的 *giraffa* 是長頸鹿之意。雄蟲體長 **45 ～ 118mm**，棲息在印度到馬來半島、印尼、菲律賓等國家。

♂

（馬來半島原生種）

### 橘背叉角鍬形蟲
### （帕氏紅背鍬形蟲）

　　大顎形狀依地區而異，這種鍬形蟲的脾氣很差。雄蟲體長 **52 ～ 94mm**，棲息在印度到中南半島、馬來半島、蘇門答臘、婆羅洲等地。

♂

### 雲頂大鹿角鍬形蟲

　　擁有往下彎曲的大顎，形狀宛如鹿角。雄蟲體長 **35 ～ 87mm**，棲息在馬來半島。

鍬形蟲類

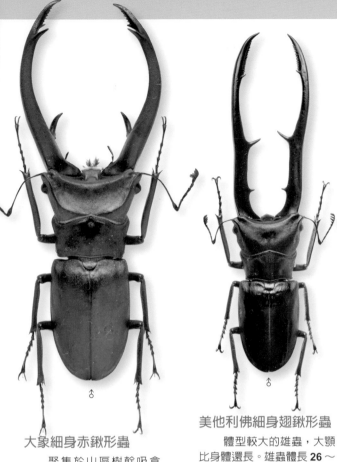

## 大象細身赤鍬形蟲

聚集於山區樹幹吸食樹液，具趨光性。雄蟲體長 **48.5 ～ 109mm**，棲息於蘇門答臘。

## 美他利佛細身翅鍬形蟲

體型較大的雄蟲，大顎比身體還長。雄蟲體長 **26 ～ 100mm**，棲息於蘇拉威西島和周遭島嶼。

（馬來半島原生種）

## 莫瑟里黃金鬼鍬形蟲

吸食山毛櫸科植物的樹液與竹子新芽，具有趨光性。雄蟲體長 **34 ～ 81mm**，棲息於緬甸、馬來西亞、蘇門答臘。

（馬來半島原生種）

## 安達佑實大鍬形蟲

雄蟲體長 **34 ～ 87.6mm**，棲息於印度到中國與馬來半島。

（馬來半島原生種）

## 瞪羚豔鍬形蟲

雄蟲大顎左右兩邊形狀不同。雄蟲體長 **38 ～ 65mm**，棲息在中南半島到馬來半島、印尼、菲律賓等地。

（馬來半島原生種）

## 華樂斯頓鬼豔鍬形蟲

棲息於海拔高度 **700m ～ 1000m** 的山區，通常可在椰子花和竹子上找到。雄蟲體長 **41 ～ 79mm**，棲息於馬來半島和蘇門答臘。

（馬來半島原生種）

## 斑馬鋸鍬形蟲

廣泛分布於低地到高地，具有趨光性。雄蟲體長 **21 ～ 60mm**，棲息在緬甸、馬來西亞、印尼、菲律賓等地。

## 馬來巨扁鍬形蟲

**2011** 年時共有 **25** 種亞種的扁鍬形蟲之一。雄蟲體長 **32 ～ 98mm**，棲息於馬來半島、婆羅洲和尼亞斯島。

## 大洋洲

此處棲息許多其他地區找不到、外型特別
的鍬形蟲。

※ 此頁標本皆為實體大小。

## 非洲

以熱帶地區為中心，棲息各種
鍬形蟲。

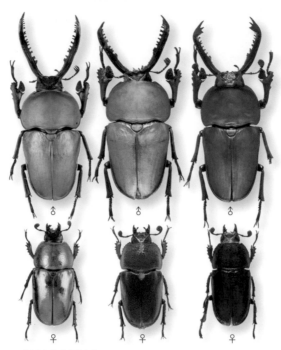

**彩虹鍬形蟲**

被譽為全世界最美的鍬形蟲，
棲息在海拔高度 **700m** 以上的熱帶雨
林，雄蟲體長 **36.**～**68mm**，分布於
澳洲東北部與新幾內亞。

**印尼金鍬形蟲**

棲息於山區，前足的扇形部分用來切斷菊科植
物的莖，吸食汁液。體色差異很大，雄蟲體長 **24**～
**50mm**、雌蟲體長 **19**～**26mm**，棲息於新幾內亞。

**大黑豔鍬形蟲**

非洲最大的鍬形蟲，帶有寶
石般強烈光澤。雄蟲體長 **45.5**～
**91.5mm**，棲息於非洲中部到西部一
帶。

## 美洲

美洲鍬形蟲種類不
多，南美洲有些種類的
外型很特別。

**智利長牙鍬形蟲**
**（達爾文鍬形蟲）**

體型較大的雄蟲，大
顎比身體還長。吸食南青
岡科植物的樹液。雄蟲體
長 **28.3**～**90mm**，棲息於
智利和阿根廷。

**酪梨鍬形蟲**

棲息於中美洲的巴拿
馬，和南美洲的哥倫比亞，
通常群居於酪梨樹的枝頭。
雄蟲體長 **28**～**60mm**。

**螃蟹鍬形蟲**

棲息於非洲中部到
西部，雄蟲體長 **26**～
**55mm**。

# 豔金龜類

豔金龜類的食物相當多樣，有些吃動物糞便或屍體，有些吃植物的葉子和花粉，有些吸食樹液。吃動物糞便的豔金龜族群稱為「糞金龜」，日本約有 360 種。

※ ├───┤ 為標註實際大小的圖示。
※ 沒有大小圖示的昆蟲代表為實體的 150% 大。

### 大黑糞金龜 `瀕危物種`
主要以牛糞為食，是放牧地常見的豔金龜。近年來數量銳減。■金龜子科■ 18 ～ 34 mm■5 ～ 10 月■北海道、本州、九州、屋久島

◀▼大黑糞金龜一族會將牛糞搬運至巢內，加工成圓形糞球，在內部產卵。幼蟲孵化後，在糞球中吃身旁的糞便長大。

(靜岡縣原生種)　(京都府原生種)　(奈良縣原生種)

❀ 顏色依棲息地而異。

### 豔糞金龜
可在野生動物的糞便上發現。■掘穴金龜科■ 14 ～ 22 mm■4 ～ 11 月■北海道～九州、屋久島

❀ 有各種不同顏色。

### 馬糞金龜
從平地到山地都能看到牠們的蹤影，吃動物糞便維生。■金龜子科■ 4.9 ～ 7.2 mm■全年■北海道～九州

❀ 有各種不同顏色。

### 哈氏蜉金龜
天氣晴朗時，可在草地上的糞便發現其蹤影。■金龜子科■ 8.2 ～ 12.5 mm■4 ～ 9 月■北海道～九州

### 掘穴金龜
通常聚集在糞便或腐壞的香菇上。■掘穴金龜科■ 12.4 ～ 21.5 mm■3 ～ 12 月■北海道～九州、屋久島

### 異帶糞金龜
在草地挖洞，住在洞裡。■厚角金龜科■9 ～ 14 mm■5 ～ 11 月■北海道～九州、屋久島

### 琦胸角鋪糞蜣
群聚於動物糞便覓食。■金龜子科■ 10 ～ 16 mm■4 ～ 10 月■北海道～九州

### 專欄 COLUMN　糞金龜是美食家？
糞金龜對於自己吃的糞便有特殊偏好。舉例而言，棲息在奄美大島和德之島的棘鞘糞金龜喜歡吃琉球兔的糞便。

`珍稀種`
◀跑來吃琉球兔糞便的棘鞘糞金龜。

### 長角糞金龜
棲息於山區，集體在動物糞便覓食，也是放牧地的常見糞金龜。■金龜子科■ 7 ～ 11.3 mm■6 ～ 10 月■北海道～九州

### 三斑蜉金龜
喜歡吃狗的糞便，常見於冬天，城市也能看到。■金龜子科■ 3.9 ～ 6 mm■全年■北海道～九州

### 兩斑蜉金龜
喜歡吃經過日晒的馬糞或牛糞。■金龜子科■ 11 ～ 13 mm■3 ～ 12 月■北海道～琉球群島

### 汙色蜉金龜
群聚於經過日晒的牛糞，可在放牧地發現其蹤影。■金龜子科■ 5 ～ 7.8 mm■4 ～ 11 月■北海道～九州、屋久島

### 黑丸嗡蜣螂
常見於野生動物糞便與腐肉、蔬菜上。■金龜子科■ 6.1 ～ 10.2 mm■3 ～ 12 月■北海道～九州、屋久島

### 扇角糞金龜
可在野生動物糞便與腐肉看見其蹤影。■金龜子科■ 5 ～ 10.1 mm■3 ～ 11 月■北海道～琉球群島

### 食骸糞金龜
群聚於鳥類等動物屍體，吃羽毛和骨骼。■金龜子科■ 5.3 ～ 7.7 mm■3 ～ 9 月■北海道～九州、屋久島

**Q:** 滾屎蟲是什麼樣的昆蟲？　**A:** 滾屎蟲是用後足將糞便滾成球狀的金龜子科昆蟲的一種，日本沒有。

日本最大的甲蟲。

※ |⎯⎯⎯| 為標註實際大小的圖示。
※ 沒有大小圖示的昆蟲代表為實體的 **150%**。

豔金龜類

▲日銅鑼花金龜吸食樹液。

### 山原長臂金龜
瀕危物種

棲息在青剛櫟屬樹幹的洞裡，是日本國家指定的天然紀念物。■金龜子科■ 42 ～ 63 mm■ 8 ～ 10 月■沖繩島（北部）

### 日銅鑼花金龜
群聚於樹液和成熟果實。■金龜子科■ 23 ～ 31.5 mm■ 6 ～ 9 月■本州、四國、九州、屋久島

### 綠羅花金龜
集體吸食樹液。■金龜子科■ 26 ～ 29.8 mm■ 6 ～ 9 月■北海道～九州

### 黑羅花金龜
群聚於樹液處覓食。■金龜子科■ 25.6 ～ 32.6 mm■ 7 ～ 9 月■北海道～九州、屋久島

▲豔金龜以大顎啃食葉子。

### 赤銅麗金龜
吃葡萄和豆類的葉子，體色豐富，包括綠色、藍色與褐色等。■金龜子科■ 12 ～ 17.5 mm■ 6 ～ 9 月■北海道～琉球群島（奄美大島以北）

### 黑鰓金龜
具趨光性。■金龜子科■ 17 ～ 22 mm■ 5 ～ 7 月■北海道～九州

### 豔金龜
吃玫瑰和虎杖的葉子。■金龜子科■ 17 ～ 24 mm■ 5 ～ 8 月■北海道～九州

在美國是稱為「日本金龜」（**Japanese beetle**）的害蟲。

### 日本豆金龜
專吃豆類的農業害蟲。■金龜子科■ 9 ～ 13.7 mm■ 6 ～ 9 月■北海道～琉球群島

### 小青銅金龜
吃繡球花等各種植物的葉子。■金龜子科■ 17.5 ～ 25 mm■ 6 ～ 9 月■本州、四國、九州、琉球群島

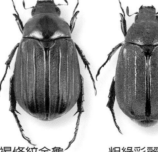

### 日本鰓角金龜
從海岸到山區皆可見，具有趨光性。■金龜子科■ 25 ～ 32 mm■ 6 ～ 8 月■本州

### 褐條紋金龜
以針葉樹的葉子為食，體色出現變異。■金龜子科■ 14.6 ～ 20 mm■ 6 ～ 9 月■北海道～琉球群島（吐噶喇群島以北）

### 粗綠彩麗金龜
棲息於山區，吃針葉樹的葉子。■金龜子科■ 16 ～ 22.2 mm■ 7 ～ 9 月■北海道～九州

### 茶色長金龜
吃闊葉樹的葉子。■金龜子科■ 10 ～ 15 mm■ 5 ～ 8 月■北海道～九州

### 大綠麗金龜
吃葡萄等許多植物的葉子。■金龜子科■ 17 ～ 25 mm■ 6 ～ 9 月■北海道～琉球群島

■科 ■體長 ■成蟲活躍的主要時期 ■分布

## 雙斑短突花金龜

常見於平地，群聚於各種花朵之間。■金龜子科■ 16 ～ 19.2 mm ■ 4 ～ 7 月■北海道～九州、屋久島

## 橫斑黑花金龜

常見於圓錐繡球等花朵之間。■金龜子科■ 12.7 ～ 15.2 mm ■ 5 ～ 8 月■北海道～琉球群島

💬 有各種不同的顏色。

## 白條金龜

棲息在有沙灘的岸邊，具有趨光性。■金龜子科■ 24.3 ～ 32 mm ■ 7 ～ 8 月■北海道

## 大雲斑鰓金龜

棲息於有沙地的河邊，具有趨光性。■金龜子科■ 31 ～ 39 mm ■ 7 ～ 8 月■本州、四國、九州

## 褐翅格斑金龜

■ 金 龜 子 科 ■ 17.6 ～ 22.1 mm ■ 6 ～ 8 月■北海道～九州

## 紅緣環斑金龜

常見於圓錐繡球等花朵之間，顏色出現變異。■金龜子科■ 14.1 ～ 17.2 mm ■ 6 ～ 8 月■本州

## 褐鏽花金龜

群聚於分泌樹液的樹幹。■金龜子科■ 15 ～ 21.6 mm ■ 4 ～ 10 月■北海道～九州、屋久島

💬 有時會在鳥巢中發現其幼蟲。

## 梳紋金龜

■金龜子科■ 7 ～ 10 mm ■ 5 ～ 7 月■本州、四國

▲有些金龜子，如綠花金龜會潛入花朵裡吃花粉。

## 小青花金龜

群聚於玫瑰或栗子等植物的花朵。■金龜子科■ 12.6 ～ 15.2 mm ■ 4 ～ 10 月■北海道～九州、屋久島

## 銅豔白點花金龜

群聚於樹液或成熟的果實上，有時也會聚集於花朵。■金龜子科■ 18.4 ～ 26.8 mm ■ 4 ～ 12 月■本州、四國、九州、琉球群島

💬 散發甜甜香氣。

## 白點花金龜

群聚於樹液或成熟的果實。■金龜子科■ 20.1 ～ 25.6 mm ■ 4 ～ 11 月■本州、四國、九州、屋久島

## 凹背臭花金龜 珍稀種

棲息於大樹的樹洞裡。■金龜子科■ 22 ～ 32 mm ■ 7 ～ 9 月■本州、四國、九州、屋久島

♀   ♂   ♂   ♂

## 華麗金龜 珍稀種

群聚於高大樹木的花朵，顏色出現極大變異。■金龜子科■ 13 ～ 17 mm ■ 3 ～ 4 月■石垣島、西表島

小常識　日銅鑼花金龜和雙斑短突花金龜的近緣種與獨角仙和其他黚金龜不同，飛行時前翅（鞘翅）緊閉，張開後翅飛翔。

# 全球豔金龜類

全世界生長著各種不同的豔金龜，有些顏色十分豔麗，有些身體長毛或長角。總計約有 2 萬 5000 種。

世界最大的花金龜之一。

※ ├────┤ 為標註實際大小的圖示。
※ 沒有大小圖示的昆蟲代表為實體大小。

## 大角金龜

棲息於非洲熱帶雨林，是全世界最大的花金龜之一。雄蟲體長 55 ～ 110mm，分布在奈及利亞到肯亞一帶。

## 颱風蜣螂

眾所周知的「滾屎蟲」（推球糞金龜），以後足滾動糞便，滾成一顆球。也是法布爾研究的主要昆蟲之一。體長 26 ～ 40mm，廣泛分布在歐洲到東南亞。

## 馬達加斯加金龜

棲息於馬達加斯加，體長 25 ～ 32mm。

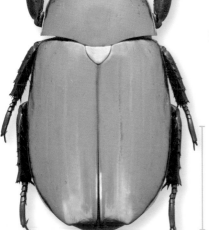

## 寶石金龜

身體閃耀銀色光芒的金龜子，棲息於哥斯大黎加，體長 28mm 左右。

## 澳洲寶石金龜

閃耀金色光芒的美麗金龜子，具有趨光性。棲息於澳洲東北部，體長約 15mm。

## 中國揚長臂金龜

　　屬於夜行性金龜，生活在大樹的樹洞裡。棲息於緬甸到越南一帶，以及中國南部。雄蟲體長為 **47 ～ 75mm**。

## 歐貝魯金龜

　　有些種的鞘翅上沒有波紋。雄蟲體長 **47 ～ 74mm**，棲息於非洲坦尚尼亞、肯亞、烏干達等國家。

♂

♂

♀

## 鬃毛金龜

　　頭部和胸部長著鬃毛般的毛，具有趨光性。棲息於非洲南部的納米比亞，體長約 **27mm**。

♂

♂

## 帕克黃點花金龜

　　雄蟲前足長著刷子般的毛，雌蟲沒有。雄蟲體長 **24 ～ 34mm**，棲息於非洲東部到南部。

## 長臂豔麗金龜

　　雄蟲的頭部與胸部長出長角，雄蟲體長 **35 ～ 38.5mm**，棲息於婆羅洲西南部。

## 日本虎甲蟲的生活習性

　　日本虎甲蟲有靈活的長腳，跑得很快。幼蟲在地底洞穴成長、化蛹，羽化後就到地面四處走動。

**長得像寶石，個性卻很兇殘**

　　日本虎甲蟲的成蟲與幼蟲皆為肉食性，可迅速在地面移動，利用巨大的顎部捕食蒼蠅、螞蟻和蚯蚓。

▲抓到昆蟲的日本虎甲蟲成蟲。

▼抓到螞蟻的日本虎甲蟲幼蟲。

▲藏身巢穴的日本虎甲蟲幼蟲。

**幼蟲懂得埋伏出擊**

　　幼蟲將身體藏在巢穴裡，靜靜等待獵物通過。獵物一靠近就立刻從巢穴中跳出來，將獵物拖進洞裡吃掉。

## 步行蟲類的生活習性

步行蟲與塵芥蟲族群中，大多數昆蟲的後翅退化，無法飛行。幼蟲和成蟲皆為肉食性，除了活蟲之外，也有昆蟲屍體。

▼食蝸步行蟲成蟲將頭伸進蝸牛殼裡。

### 幼蟲與成蟲都吃蝸牛

食蝸步行蟲主要吃蝸牛，將細長的頭部伸進蝸牛殼裡，吃柔軟的蝸牛肉。幼蟲會將整個身體伸進殼裡，迅速俐落地吃肉。

▲吃蝸牛的食蝸步行蟲幼蟲

## 噴出高溫氣體
## 保護自己

三井寺步行蟲又名「放屁蟲」，只要感到危險就會立刻「噗」地一聲，從屁股噴出超過100℃的高溫氣體。噴射瞬間牠將體內的兩種物質混合，引起化學反應，三井寺步行蟲本身不會燙傷。

▶噴出氣體的三井寺步行蟲。

人的手指

※危險行為，請勿模仿。

# 日本虎甲蟲及步行蟲類

日本虎甲蟲擁有長腳和發達的大顎，身體顏色繽紛多彩。步行蟲類中，身體大多為黑色，但也有閃耀金屬光澤的種類。

日本虎甲蟲及步行蟲類

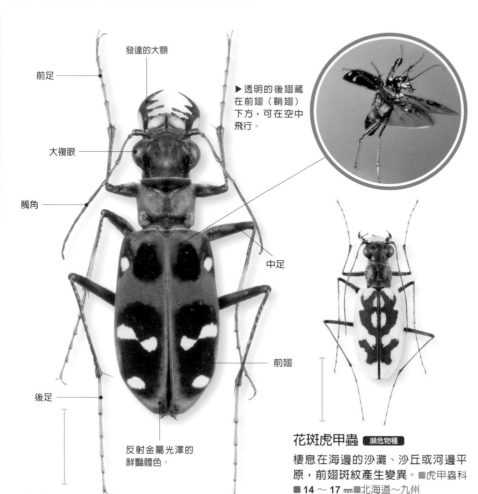

前足
發達的大顎
大複眼
觸角
中足
前翅
後足

▶ 透明的後翅藏在前翅（鞘翅）下方，可在空中飛行。

反射金屬光澤的鮮豔體色。

## 日本虎甲蟲

人走在山路時，經常可以看到這種昆蟲飛在前面，因此又稱「帶路蟲」。■虎甲蟲科■18～20 mm■本州、四國、九州、沖繩島

## 縱紋虎甲蟲

常見於農田和海邊，具有趨光性。■虎甲蟲科■11～13 mm■沖繩島、石垣島、西表島

## 東京姬虎甲蟲

經常可在關東地方周邊的市區看見其蹤影。■虎甲蟲科■9～10 mm■本州、九州、沖繩島

## 苗條豔虎甲蟲

經常停在樹林下的雜草。■虎甲蟲科■10～13 mm■石垣島、西表島、與那國島

## 灰虎甲蟲 [瀕危物種]

全世界目前只在小笠原群島的兄島發現，正積極推動保育計畫。■虎甲蟲科■10～13 mm■小笠原諸島（兄島）

## 花斑虎甲蟲 [瀕危物種]

棲息在海邊的沙灘、沙丘或河邊平原，前翅斑紋產生變異。■虎甲蟲科■14～17 mm■北海道～九州

## 圓步行蟲

棲息於河邊平原與河岸沙地，具有趨光性。■圓甲科■5.5～6.5 mm■北海道～九州

## 灰紋長扁步行蟲

2億年前即出現此族群的昆蟲，可說是最原始的甲蟲。■長扁甲科■9～17 mm■北海道～九州

## 日本斑步行蟲

生活在山毛櫸等樹皮下或枯木中。■背條蟲科■5.4～6.1 mm■北海道～九州

## 黑帶步行蟲 [珍稀種]

寄生在枯木裡的螞蟻巢。■粗角步行蟲科■4.7 mm■四國、九州

## 路易士斑步行蟲 [瀕危物種]

棲息在河口沙地。■虎甲蟲科■15～18 mm■本州（中部地方以西）、四國、九州

## 黃斑青銅步行蟲

身體顏色產生變異，有綠色、黃銅色與黑色，在地面行走。■虎甲蟲科■15～19 mm■北海道～九州

大顎

長長的頭部可伸進蝸牛殼裡吃肉。

兩片前翅黏在一起，無法張開。

（長崎縣福江島原生種）

（櫪木縣原生種）

（亞種 *Carabus blaptoides oxuroides*）

（青森縣原生種）

（亞種 *Carabus blaptoides viridipennis*）

## 食蝸步行蟲

攻擊蝸牛後吃掉蝸牛肉，以成蟲過冬。依地區不同，分成 7 ～ 8 種亞種。■步行蟲科 ■ 32 ～ 69.5 mm ■從初夏到秋季活動■北海道～九州

## 馬凱步行蟲

棲息在田地和溼地，以螺貝類和蚯蚓為食。■步行蟲科 ■ 25 ～ 32 mm ■從初夏到秋季活動■本州（東北地方）

## 黑廣肩步行蟲

吞食蛾的幼蟲，有後翅，會飛行。在土壤裡過冬。■步行蟲科 ■ 22 ～ 31 mm ■從初夏到秋季活動■北海道～九州

## 中華曲脛步甲

吃其他昆蟲的幼蟲，有後翅，會飛行。■步行蟲科 ■ 23 ～ 31 mm ■從春到秋季活動■北海道～琉球群島（沖繩島以北）

## 巨顎步行蟲

在森林的地面行走，尋找獵物。在枯木和土壤過冬。■步行蟲科 ■ 25 ～ 34 mm ■從夏到秋季活動■本州、九州

## 青銅步行蟲

在森林中四處行走，以蝸牛為食。在不同地區，前翅的凹凸形狀和身體顏色產生極大變異。■步行蟲科 ■ 23 ～ 35 mm ■從春到秋季活動■北海道

## 金胸步行蟲

攻擊蝸牛與蚯蚓後吃掉，以成蟲過冬。■步行蟲科 ■ 29 ～ 45 mm ■從初夏到秋季活動■對馬

（亞種 *Procrustes kolbei kosugei*）

（亞種 *Procrustes kolbei futabae*）

## 彩豔步行蟲

在森林中攻擊蝸牛後吃掉，在不同地區，前翅的凹凸形狀和身體顏色產生極大變異。■步行蟲科 ■ 19 ～ 29 mm ■從夏到秋季活動■北海道

## 寬胸步行蟲

棲息在森林中的石頭和倒臥樹木下，以小型蝸牛為食。■步行蟲科 ■ 11 ～ 17 mm ■從初夏到秋季活動■北海道、本州（岩手縣）

## 大步行蟲

以蚯蚓為食，以成蟲過冬。■步行蟲科 ■ 23 ～ 38 mm ■從初夏到秋季活動■本州（中部地方以西）、四國（東部）、九州

後翅退化消失，無法飛行。

## 青色步行蟲

從平地到山區皆可看見其蹤影，以成蟲過冬。■步行蟲科 ■ 22 ～ 32 mm ■從春到秋季活動■本州（關東地方以北）

## 姬步行蟲

以蚯蚓為食，以成蟲過冬。■步行蟲科 ■ 17 ～ 26 mm ■從春到秋季活動■北海道、本州（中部地方以北）

## 食蚓步行蟲

在地上行走，以蚯蚓為食。■步行蟲科 ■ 24 ～ 33 mm ■本州（近畿地方以西）、四國（北部）

**Q** **A** Q：虎甲蟲的日文名字為什麼是「斑貓」？　A：由於虎甲蟲的背部有斑紋，捕捉獵物的動作又很像貓，因此得名。

43

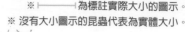

**黃脛邊步行蟲**
棲息在海岸與河邊平原的沙地。■步行蟲科■ 20～24 mm■北海道～九州

**大頭步行蟲**
棲息在平原與岸邊。■步行蟲科■ 17～24 mm■北海道～九州

**脊青步行蟲**
棲息在森林裡與河邊，在土壤裡過冬。■步行蟲科■ 22～23 mm■北海道～琉球群島

**黑豔步行蟲**
住在山區森林裡。■步行蟲科 ■ 18.5～20.5 mm ■本州、四國、九州

**奇裂跗步行蟲**
棲息在蘆葦生長的溼地，在石頭下過冬。■步行蟲科■ 17～19 mm■本州、四國、九州、琉球群島

**黃緣步行蟲**
可在岸邊的石頭下方發現其蹤影，幼蟲喜歡吃青蛙。■步行蟲科■ 19.5～22 mm■北海道～琉球群島

**大葫蘆步行蟲**
在海岸與河邊沙地挖一個深的洞穴，住在洞裡。■步行蟲科■ 30～43 mm■本州、四國、九州

**淡足青步甲**
大多棲息在岸邊或枯木裡，有時會集體過冬。■步行蟲科■ 13.5～14.5 mm■北海道～九州

**溼地步行蟲**
棲息在水池周邊與溼地，在岸邊土壤裡過冬。■步行蟲科■ 12～13.2 mm■本州、九州

遇到敵人攻擊，會噴出高溫氣體防禦。

**寬帶盆步行蟲**
聚集在樹上與楓樹花朵上。■步行蟲科■ 5.5～6.5 mm■北海道～九州

**葷步行蟲**
群聚在橫臥樹幹上的香菇或樹液。■步行蟲科■ 13～15 mm■北海道～九州

**八星步行蟲**
棲息在樹上。■步行蟲科■ 10～12.5 mm■北海道～琉球群島

**三井寺步行蟲（放屁蟲）**
■炮步行蟲科■ 11～18 mm■北海道～九州、吐噶喇群島、奄美大島

■科　■體長　■成蟲活躍的主要時期　■分布

---

# 全球虎甲蟲、步行蟲類

全世界已知的虎甲蟲類共約 2500 種，步行蟲類約 4 萬種，這些昆蟲皆為肉食性，主要在地面行走生活。

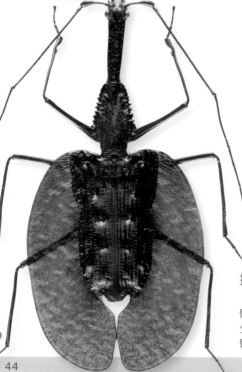

**瘤刺步行蟲**
前翅有許多瘤狀突起，棲息於中國南部，體長 32～48mm。

**提琴步行蟲**
外型如小提琴的步行蟲之一。身體極薄，棲息在質地較硬的菇類背面。分布於馬來西亞、印尼的熱帶雨林，體長 60～80mm。

**金黃條紋步行蟲**
棲息於歐洲中部、法國和印度山區，體長 17～34mm。

**智利步行蟲**
生活在南美洲智利山區，顏色依地區不同產生變化。體長約 25mm。

**霸王虎甲蟲**
不會飛行，在地上行走覓食。習性十分兇悍，還會攻擊老鼠。體長達 60mm，棲息於非洲東部到南部一帶。

# 埋葬蟲及隱翅蟲類

※ 沒有大小圖示的昆蟲代表為實體的 200%。

埋葬蟲類的幼蟲與成蟲的主食皆為動物和蟲類屍體、腐敗的蕈類等。部分種類的雌雄蟲會親口餵食幼蟲。隱翅蟲類的前翅較短，後翅摺疊起來，藏在前翅下方，因此看起來像是將翅膀藏起來一樣。

▲群聚在屍體旁的大黑埋葬蟲

**小黑埋葬蟲**
群聚在動物屍體旁。■葬蟲科■8～15 mm■春～秋■北海道～九州

**大黑埋葬蟲**
群聚在動物屍體旁。■葬甲科■25～45 mm■春～秋■北海道～九州

**四星埋葬蟲**
群聚在動物屍體旁。■葬甲科■13～21 mm■春～秋■北海道～九州、屋久島

**紅領埋葬蟲**
群聚在動物屍體旁。■葬甲科■17～22 mm■春～秋■本州、四國

**亞洲屍藏埋葬蟲**
群聚在動物屍體旁，具有趨光性。■葬甲科■15～28 mm■春～秋■北海道～琉球群島（沖繩島以北）

**六脊樹埋葬蟲**
棲息在樹上，攻擊蛾的幼蟲吃。■10～15 mm■6～8 月■北海道～九州

**阿穆爾扁埋葬蟲**
樹木傾倒後，隱身在樹皮下方。■閻魔蟲科■8～11.3 mm■春～秋■北海道～九州

**麗腐埋葬蟲**
聚集在動物屍體或糞便，吃蒼蠅幼蟲。■閻魔蟲科■5.2～7.7 mm■春～秋■北海道～琉球群島

**食蟲埋葬蟲**
棲息在枯樹中，吃其他的昆蟲。■長閻蟲科■12～15 mm■北海道～九州

**紅胸埋葬蟲**
聚集在動物或蚯蚓屍體，垃圾堆也能發現其蹤影。■葬甲科■18～23 mm■春～秋■北海道～九州

體液有毒，接觸皮膚會出現紅腫現象。

**食蕈隱翅蟲**
群聚在燈台樹上的柔軟蕈類。■隱翅蟲科■9.5～10 mm■春～秋■北海道～九州

**方胸隱翅蟲**
可在枯木中發現其身影。■隱翅蟲科■10.5～13.5 mm■本州、四國、九州

**蟻形隱翅蟲**
棲息在山區樹林雜草中。■隱翅蟲科■10～12 mm■春～秋■本州（中部地方以北）

**紅胸蟻形隱翅蟲**
可在石頭下發現其蹤影。■隱翅蟲科■6.5～7 mm■全年■北海道～琉球群島

**赤翅隱翅蟲**
群聚於動物屍體和糞便上。■隱翅蟲科■15～19 mm■4～10 月■北海道～九州

**大牙隱翅蟲**
聚集於蕈類。■隱翅蟲科■9.4～12 mm■春～秋■北海道～九州

**蚜形隱翅蟲**
可在落葉下方發現其蹤跡。■隱翅蟲科■3.5～3.7 mm■本州

**斑隱翅蟲**
聚集於枯樹上的蕈類。■隱翅蟲科■6.5～7 mm■春～秋■北海道～九州

**山毛櫸隱翅蟲**
生活在山毛櫸枯樹中。■黑豔蟲科■14～20 mm■全年■四國、九州

**小常識** 覆葬甲屬的昆蟲具有社會性，會養育下一代。成蟲將動物屍體做成肉球，親口餵食幼蟲。

45

## 龍蝨、牙蟲及豉甲的生活習性

　　龍蝨、牙蟲與豉甲是棲息在水中的甲蟲，龍蝨與牙蟲的幼蟲和成蟲皆棲息於水中，牠們演化出適合游泳的體型。豉甲成蟲的腹部貼著水面往前划動，幼蟲有鰓，可在水中呼吸。

▼攻擊魚類的龍蝨。

### 各自有不同的食物

　　龍蝨的幼蟲與成蟲皆為肉食性，捕食水裡的魚和蟲。牙蟲的幼蟲吃小蟲，成蟲主要吃水草等植物或死蟲。豉甲的幼蟲和成蟲都吃活蟲。

▲吃水草的牙蟲。

▲豉甲捕食掉在水面的蝗蟲若蟲。

## 利用氧氣幫浦在水中呼吸

　　龍蝨與牙蟲無法在水中呼吸，因此牠們必須不時浮出水面呼吸空氣。呼吸時，牙蟲將頭部伸出水面，龍蝨則是將腹部末端伸出水面，將空氣儲存在翅膀下方，即可長時間在水中活動。

▲從腹部末端吸取空氣的龍蝨。

▲頭部伸出水面呼吸的牙蟲。

## 幼蟲又稱「水蜈蚣」，在土中化蛹

　　龍蝨的幼蟲又稱為「水蜈蚣」，身體細長，個性非常兇猛。用大顎咬住獵物，並從顎部釋出毒液，麻痺獵物。有時也會咬人，十分危險，請務必小心。幼蟲長大後會上岸，在土壤中化蛹，羽化為成蟲。

▲龍蝨幼蟲在水底行走。

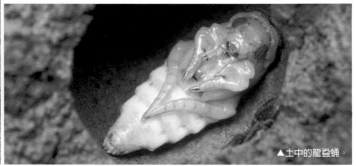
▲土中的龍蝨蛹。

▲剛羽化的龍蝨成蟲。

▲捕食蝌蚪的龍蝨幼蟲。

# 龍蝨、牙蟲及豉甲類

※ ├───┤ 為標註實際大小的圖示。
※ 沒有大小圖示的昆蟲代表為實體大小。

龍蝨科的昆蟲會同時划動長滿細毛的後足，迅速往前游。牙蟲游泳時交互划動後足和中足，游泳速度並不快。豉甲將腹部貼在水面，轉動扁平的後足和中足，能作高速移動。

雄蟲前足呈吸盤狀，交配時用來抓住雌蟲。

♀

## 尖銳龍蝨 瀕危物種
只棲息在固定地區的珍稀種。■龍蝨科
■ 30 ～ 33 ㎜■本州、佐渡島

♂　　　♀

## 龍蝨
生活在水中，以死魚和青蛙為食。■龍蝨科■ 36 ～ 39 ㎜■北海道～九州

## 鮑氏麗龍蝨
常見於水池和農田，具有趨光性。■龍蝨科■ 13 ～ 14 ㎜■北海道～九州、吐噶喇群島

## 灰色龍蝨
常見於水池與水塘，具有趨光性。■龍蝨科■ 12 ～ 14 ㎜■本州、四國、九州、琉球群島

## 牙蟲
棲息於植物豐富的池塘，具有趨光性。■牙蟲科■ 33 ～ 40 ㎜■北海道～九州

## 珍稀種
## 日本小龍蝨
雄蟲的前翅有 4 條溝，雌蟲沒有。棲息在高山的水池裡。■龍蝨科■ 15 ～ 17 ㎜■北海道、本州（中部地方以北）

## 姬牙蟲
生活在水池與沼澤，具有趨光性。■牙蟲科■ 9 ～ 11 ㎜■本州、四國、九州、琉球群島

## 線紋大牙蟲
生活在水池與沼澤，具有趨光性。■牙蟲科■ 23 ～ 28 ㎜■本州、四國、九州、琉球群島

▲利用後足的細毛划水，游泳速度很快。

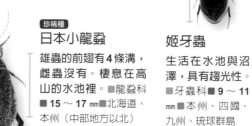

## 豉甲
棲息在水池、流動緩慢的河川。捕食掉在水面的昆蟲。■豉甲科■ 6 ～ 7.5 ㎜■北海道～九州

▲豉甲共有 4 隻眼睛，左右 2 隻為一對，分別用來看空中與水中。

## 東方圓豉甲
常見於不流動的水面。■豉甲科■ 7 ～ 12 ㎜■北海道～琉球群島

## 小頭水蟲
棲息於水生植物豐富的水池與沼澤，看到光線會聚集過來。■小頭水蟲科■ 3.1 ～ 3.6 ㎜■北海道～九州

　■科　■體長　■分布

# 水生昆蟲

有些昆蟲棲息在水上或水裡，包括甲蟲族群的龍蝨和牙蟲，半翅目的水黽與大田鱉。此外，有些昆蟲只有幼蟲時期在水中生活，例如蜻蜓、部分螢火蟲以及蜉蝣類。這些昆蟲的身體構造都很適合在水上或水裡生活。

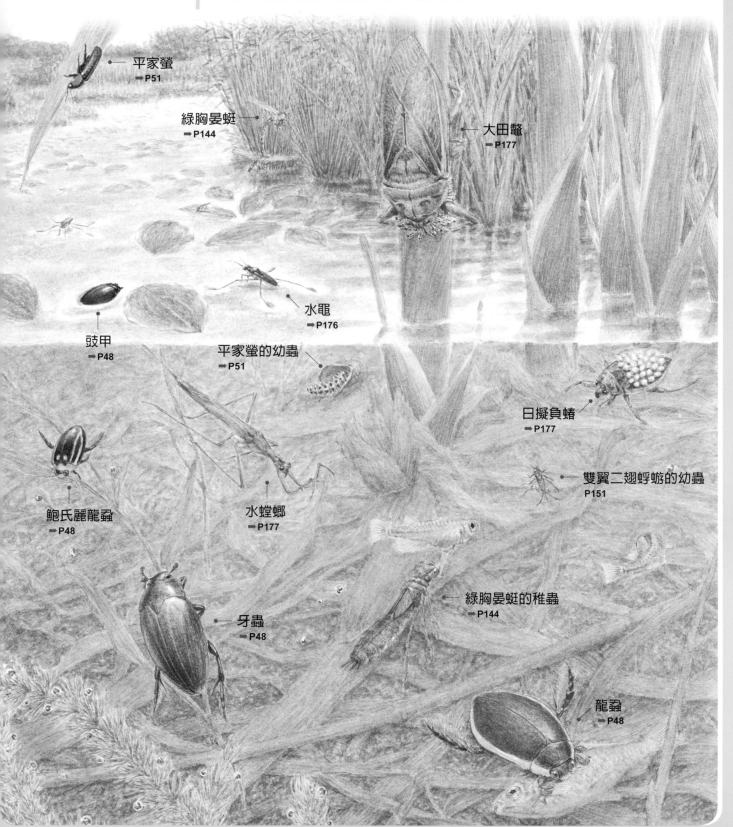

平家螢
➡P51

綠胸晏蜓
➡P144

大田鱉
➡P177

水黽
➡P176

豉甲
➡P48

平家螢的幼蟲
➡P51

日擬負蝽
➡P177

雙翼二翅蜉蝣的幼蟲
P151

鮑氏麗龍蝨
➡P48

水螳螂
➡P177

綠胸晏蜓的稚蟲
➡P144

牙蟲
➡P48

龍蝨
➡P48

## 螢火蟲的生活習性

螢火蟲類大多會發光，腹部有發光器，大多數成蟲會發光，有些不會，但幼蟲都會發光。日本已知有 **46** 種螢火蟲。源氏螢和平家螢的幼蟲在水中生活，其他大多數種類的幼蟲幾乎都在陸地成長。

▲腹部有發光器，會發光的源氏螢幼蟲。

▼腹部末端有一對發光器的源氏螢幼蟲。

▲聚在一起發光的源氏螢成蟲。

▲在地底發光的蛹。

### 幼蟲和蛹都會發光

源氏螢和平家螢從卵、幼蟲、蛹到成蟲，所有階段都會發光。

### 透過閃爍的光點求愛

成蟲發光是雄蟲和雌蟲為了相遇發出的訊號，雄蟲和雌蟲在黑夜中透過光點尋找彼此，相遇後交配。光點強度和閃爍間隔依種類不同，可藉此找到適合的對象。

▲源氏螢成蟲一邊發光，一邊四處飛舞。

▼源氏螢的幼蟲會從體內釋放毒素保護自己。

**幼蟲會攻擊螺貝類**
源氏螢幼蟲棲息在水中，捕食椎實螺等卷貝類。

▲正在吃放逸短溝蜷的源氏螢幼蟲。

# 螢火蟲近緣種

在甲蟲類中，螢火蟲類的身體相對柔軟。幼蟲時期為肉食性，專門捕食放逸短溝蜷、蝸牛等螺貝類，以及馬陸、蚯蚓等。大多數螢火蟲長成成蟲後只喝水，不吃任何食物。

■體長　■成蟲活躍的主要時期　■分布

※ ├───┤ 為標註實際大小的圖示。
※ 沒有大小圖示的昆蟲代表為實體的 **200%**。
※ 本頁介紹的都是螢火蟲科昆蟲。

**源氏螢**
幼蟲棲息在流動且乾淨的水中，以椎實螺為食。從卵到成蟲階段皆會發光。
■ 10 ～ 16mm　■ 5 ～ 7 月■本州、四國、九州

**日本窗螢**（珍稀種）
可在山區見到其蹤影，雌蟲沒有翅膀。■ 9 ～ 12mm　■ 6 ～ 8 月■本州（靜岡縣以西）、四國、九州

**北方鋸角螢**
可在草上發現其蹤跡。■ 7 ～ 12mm　■ 4 ～ 8 月■北海道～九州

**黃脈翅螢**
成蟲在森林裡發光飛翔。■ 5.8 ～ 7mm　■ 4 ～ 11 月■琉球群島（吐噶喇群島中之島以南）

**平家螢**
幼蟲棲息在水田和水池裡，捕食耳蘿蔔螺。從卵到成蟲階段都會發光。■ 7 ～ 10mm　■ 4 ～ 10 月■北海道～九州

**姬螢**
幼蟲棲息在陸地上，幼蟲與成蟲都會發光。雌蟲的翅膀已退化，不會飛。■ 5.5 ～ 9.6mm　■ 6 ～ 7 月■本州、四國、九州

**專欄** **長得像幼蟲的雌蟲**

螢火蟲族群中，有幾種成蟲的雄蟲與雌蟲體型差異相當大，窗螢就是其中之一。雄性窗螢的外型與一般螢火蟲毫無二致，但雌蟲的翅膀完全退化，長得就像放大版幼蟲。由於雌蟲不會飛，因此必須等待雄蟲飛來交配。

▲交配中的 *Pyrocoelia abdominalis*

 Q: 螢火蟲是否有毒？　　A: 有。大多數螢火蟲體內含有毒素，因此鳥類不吃螢火蟲。

# 吉丁蟲、叩頭蟲及菊虎類

吉丁蟲類的身體特徵是反射出金屬光澤；叩頭蟲類只要不小心翻過來，頭部與胸部之間的關節就會彎曲，抵住地面往上跳，順勢翻回來；菊虎類則擁有柔軟的身體。

※ ⊢——⊣為標註實際大小的圖示。
※ 沒有大小圖示的昆蟲代表為實體的 **150%**。

**虹彩吉丁蟲**
聚集在蓴類和櫸樹產卵。
■吉丁蟲科■ 25 ～ 40 mm ■
7～8月■本州、四國、九州、琉球群島（沖繩島以北）

（本州原生種）

（奄美大島原生種）
（亞種青松吉丁蟲）

**荷氏吉丁蟲**
群聚於朴樹，日本政府指定為國家天然紀念物。■吉丁蟲科■ 22 ～ 35 mm ■ 6 ～ 8 月■小笠原諸島

**黑吉丁蟲**
群聚於松樹和日本冷杉等針葉樹上。■吉丁蟲科■ 11 ～ 22 mm ■ 6 ～ 9 月■北海道～琉球群島

**松吉丁蟲**
聚集在枯萎的松樹產卵。■吉丁蟲科■ 24～40mm ■5～8月■本州、四國、九州、琉球群島、小笠原諸島

**六星吉丁蟲**
棲息在各種枯萎的樹上。■吉丁蟲科■ 7 ～ 12 mm ■ 5 ～ 8 月■北海道～九州、屋久島

**金緣吉丁蟲**
可在春榆樹上看見其蹤跡。■吉丁蟲科■ 8 ～ 13 mm ■ 6 ～ 8 月■北海道、本州、九州

**翠綠塊斑吉丁**
產卵在枯萎的杉樹和檜木上。■吉丁蟲科■ 6 ～ 13 mm ■本州、四國、九州、屋久島

**綠細長吉丁蟲**
棲息在野梧桐的葉子。■吉丁蟲科■ 8 ～ 12 mm ■ 5 ～ 8 月■琉球群島（奄美大島以南）

**窄紋吉丁**
棲息在懸鉤子屬植物的葉子上。■吉丁蟲科■ 5 ～ 9 mm ■ 4 ～ 7 月■本州

**櫟窄吉丁**
棲息在水楢和麻櫟樹上。■吉丁蟲科■ 11.5 ～ 15.5mm ■ 5 ～ 7 月■北海道～九州

**姬吉丁蟲**
吃檜木和糙葉樹的葉子。■吉丁蟲科■ 3.4 ～ 4.1 mm ■ 北海道、本州

**藍綠扁腹吉丁** 珍稀種
在全緣冬青屬植物產卵。■吉丁蟲科■ 16 ～ 29 mm ■ 6 ～ 7 月■本州（關東地方以南）、四國、九州

**白星長吉丁蟲**
群聚於檜樹上。■吉丁蟲科■ 9.5 ～ 13.2 mm ■ 5 ～ 8 月■本州～九州

**灰色矮扁吉丁蟲**
吃麻櫟樹和青剛櫟樹的葉子。■吉丁蟲科■ 2.3 ～ 3 mm ■本州、四國、九州

**雲紋黑叩頭蟲**

群聚於枯萎的松樹。■叩頭蟲科■22～30 mm■本州、四國、九州、琉球群島

▲雲紋黑叩頭蟲跳躍的連續照片。

**大名叩頭蟲**

聚集在早春的楓樹花朵上。■叩頭蟲科■9.5～13 mm■4～6月■北海道～九州

**大長叩頭蟲**

經常聚集於光線處。■叩頭蟲科■23～30 mm■北海道～琉球群島

**菜氏猛叩甲**

聚集於樹液處，具有趨光性。■叩頭蟲科■22～35 mm■北海道～琉球群島

**櫛角叩頭蟲**

棲息於葉子上，捕食小蟲。■叩頭蟲科■21～27 mm■本州、四國、九州

**釣魚島麗叩甲**

白天會像吉丁蟲四處飛翔。■叩頭蟲科■32 mm■6～8月■與那國島

**褐吉丁蟲**

可在樹林和周邊樹木的葉子上發現其蹤影。■叩頭蟲科■12～16 mm■4～11月■北海道～九州、屋久島

**三輪吉丁蟲**

棲息在山區森林，可在樹葉上發現其蹤影。■叩頭蟲科■9～11 mm■6～8月■北海道、本州

**亮黑叩頭甲**

棲息在日本本州的高山上。■叩頭蟲科■13～16 mm■北海道、本州（中部地方以北）

**日本蟬寄生甲蟲**

可在樹幹上發現其蹤跡。■蟬寄甲科■10～21 mm■6～7月■北海道～九州

**鐘喙紅螢**

常見於山區的花朵和樹葉上，由於紅螢類的體液帶有討厭的氣味，鳥類不喜歡吃。■紅螢科■8.5～14.3 mm■5～8月■北海道～九州

**扇角碩紅螢**

可在山區的花朵和葉子上發現其蹤跡。■紅螢科■10～16.5 mm■6～8月■北海道～九州

**菊虎**

棲息在葉子上，捕食其他昆蟲。■菊虎科■14～18 mm■北海道～九州

**花菊虎**

群聚於花朵，捕食其他昆蟲。■菊虎科■20～24 mm■本州（關東地方以西）、四國、九州

**青綠菊虎**

棲息在葉子上，捕食其他昆蟲。■菊虎科■14～20 mm■北海道、本州、四國

▲姬圓鰹節蟲的幼蟲。

**紅帶皮蠹**
吃毛皮的害蟲。■鰹節蟲科
■6.8～8 mm■北海道、本州

**鋸角毛食骸甲**
吃乾燥食品的害蟲，不時
發生大規模蟲害。■標本甲
科■1.7～3.1 mm■北海道～
琉球群島

**日本蛛甲**
吃穀物的害蟲，也會藏身
於屋內。■蛛甲科■2.7～5
mm■北海道～九州

**姬圓鰹節蟲**
在屋內吃衣服的害蟲，可在野外的花朵上見其蹤影，
棲息於全世界。■鰹節蟲科■2～3.2 mm■北海道～琉球群
島

**紅扁蟲**
棲息在枯樹下。■扁
甲科■10～15 mm■
6～8 月■北海道～九
州

**日本扁蟲**
棲息在松樹下，以材
小蠹為食。■穀盜蟲
科■12～19 mm■北海
道～九州

**琉璃扁蟲**
身體很單薄，棲息在枯樹
樹皮下。■扁甲科■20～27
mm■6～8 月■北海道～九州

**突首扁蟲**
群聚生長於山區的闊
葉樹枯木上。■筒蠹
蟲科■7～18 mm■6～
8 月■北海道～九州

**擬蟻形郭雄蟲**
可在羅漢松或橫臥的樹上
看見其蹤影。捕食材小
蠹等蟲類。■郭雄蟲總科■
7.5～9 mm■北海道、本州

**筒郭雄蟲**
屬於肉食性，會捕食其他
昆蟲。■郭雄蟲總科■5～
8 mm■本州、四國、九州、琉
球群島

**大紅斑出尾蟲**
聚集在麻櫟與枹櫟樹上吸
食樹液。■露尾甲科■10～
14 mm■5～9 月■北海道～
九州

**吸木蟲**
聚集在麻櫟與枹櫟樹上
吸食樹液。■大吸木蟲科■
13～13.5 mm■5～9 月■本
州、四國、九州

**日本頰廣擬叩頭蟲**
雄蟲頭型左右不同，令
人大呼神奇。群聚於川
竹。■擬叩頭蟲科■8～
23 mm■5～8 月■本州、
四國、九州、吐噶喇群
島中之島
♀

**日本蕈甲**
棲息於枯木上的蕈類。■
大蕈蟲科■5～7.5 mm■5～
10 月■本州、四國、九州

▼聚集於蕈類的大蕈蚄。

**大蕈蚄**
可在山區枯萎的山毛櫸樹發現其蹤影。■大蕈蟲
科■16～36 mm■6～8 月■北海道～九州

**瘦伯矮蕈甲**
棲息於枯木上的蕈
類。■大蕈蟲科■3.5～
5 mm■5～10 月■本
州、四國、九州

**四星大蕈蟲**
棲息於枯萎的山毛櫸上
的蕈類。■大蕈蟲科■
4.3～8.5 mm■5～10 月
■北海道～九州

**大偽瓢蟲**
棲息在羅漢松與枯樹
上吃菌類。■偽瓢蟲
科■10～12 mm■對馬

**四星偽瓢蟲**
可在草叢石頭下發現其蹤
影，吃菌類。以成蟲型態過
冬。■偽瓢蟲科■4.5～5 mm
■全年■本州、四國、九州

※├────┤為標註實際大小的圖示。
※ 沒有大小圖示的昆蟲代表為實體的 150%。

吉丁蟲、叩頭蟲及菊虎類

■科　■體長　■成蟲活躍的主要時期　■分布

# 全球螢火蟲及吉丁蟲類

螢火蟲與吉丁蟲類相當豐富，分布在全世界。包括色彩繽紛的吉丁蟲，群聚在一棵樹上一起發光的螢火蟲等，各種昆蟲都擁有自己的特色。

※ 本頁介紹的昆蟲皆為實體大小。

**蝶語吉丁**

棲息在馬來半島熱帶雨林的美麗吉丁蟲，體長達 27 ～ 45mm。

**昆士蘭赤吉丁蟲**

棲息在澳洲昆士蘭省北部，體長約為 35mm。

**大琉璃吉丁蟲**

體長可達 75mm，是全世界最大的吉丁蟲。棲息於尼泊爾、巽他古陸、菲律賓的熱帶雨林。

**大吉丁蟲**

棲息在中美洲到南美洲的吉丁蟲，體長達 46 ～ 67mm。

**發光甲蟲**

棲息於中美洲到南美洲，胸部有發光器，會發出亮光。有些幼蟲會挖洞潛入白蟻巢穴，發光引誘小蟲，再用大顎捕食獵物。

**螢火蟲樹**

在東南亞熱帶雨林，可看到眾多螢火蟲聚集在一棵樹上，一起發出閃爍光芒的情景。照片為體長約7mm的炫爛螢火蟲集體閃爍的模樣。

▲炫爛螢火蟲集體閃爍發光。

▲炫爛螢火蟲。

## 瓢蟲的生活習性

　　每種瓢蟲都有固定的食物，主要分為吃蚜蟲和介殼蟲的肉食性瓢蟲，以及吃植物葉子的草食性瓢蟲。受到敵人攻擊時，瓢蟲會從足關節噴出帶有強烈味道和苦味的汁液，同時裝死保護自己。

### 以蚜蟲為食

　　七星瓢蟲與異色瓢蟲以蚜蟲為食。由於蚜蟲也是為害農作物的害蟲，因此吃蚜蟲的瓢蟲被人類視為益蟲。

▶吃蚜蟲的七星瓢蟲。

▼集體過冬的異色瓢蟲成蟲。

### 集體過冬

　　大多數瓢蟲都以成蟲過冬。他們聚集在石頭、枯樹、屋外走廊下方，集體過冬。

△產卵中的雌性七星瓢蟲。

▼同時孵化的七星瓢蟲幼蟲。

## 幼蟲也吃蚜蟲

雌性瓢蟲交配過後，會在葉子背面產下數十顆卵，時間一到，所有卵會一起孵化。瓢蟲的幼蟲全身長滿刺，外型和成蟲截然不同。七星瓢蟲的幼蟲孵化後就會吃蚜蟲。

▲捕食蚜蟲的七星瓢蟲幼蟲。

## 從蛹蛻變為成蟲

瓢蟲會在植物葉片上化蛹，剛羽化的七星瓢蟲全身為鮮豔的黃色，後來才會長成大家熟悉的獨特模樣。

▼七星瓢蟲羽化的模樣。

# 瓢蟲類

瓢蟲類昆蟲皆具有圓滾滾的體型，腳和觸角都不長。紅黃色身體帶著各種圖樣，外型十分奇特。大多數瓢蟲吃蚜蟲與介殼蟲，有些種類則吃植物的葉子。

※ ├───┤ 為標註實際大小的圖示。
※ 沒有大小圖示的昆蟲代表為實體的 200%。

遭受敵人攻擊時，會從足關節噴出苦液。

**七星瓢蟲**
捕食蚜蟲。■瓢蟲科■ 5 ～ 8.6 mm■ 4 月～■北海道～琉球群島

前翅圖案產生各種變異。

**異色瓢蟲（有多種外型）**
捕食蚜蟲。■瓢蟲科■ 4.7 ～ 8.2 mm■ 4 月～■北海道～九州

**柯氏素菌瓢蟲**
以附著在植物上的徽菌為食，屬於常見昆蟲。■瓢蟲科■ 3.5 ～ 5.1 mm■ 4 月～■本州、四國、九州、琉球群島

**大龜紋瓢蟲**
吃胡桃金花蟲。■瓢蟲科■ 8 ～ 11.7 mm■ 4 月～■北海道～九州

**雲紋瓢蟲**
可在山區發現其蹤影。■瓢蟲科■ 6.7 ～ 8.5 mm■ 4 月～■北海道～九州

**十三星瓢蟲**
可在河川地和溼地草原發現其蹤影，以蚜蟲為食。■瓢蟲科■ 8 mm■ 4 ～ 10 月■北海道～九州

**馬鈴薯瓢蟲**
吃馬鈴薯葉子的害蟲。■瓢蟲科■ 6.6 ～ 8.2 mm■ 4 ～ 10 月■北海道～九州

**四斑裸瓢蟲**
捕食附著在櫸樹上的蚜蟲。■瓢蟲科■ 4.4 ～ 6 mm■ 4 月～■北海道～九州、奄美大島

# 擬步行蟲、花蚤及地膽（芫菁）類

擬步行蟲類的體型各有不同，如果用手摸牠的身體，手指會沾上難聞的氣味。花蚤類甲蟲的腹部末端較長，或身體如針一樣細長。地膽類擁有柔軟的腹部，感到危險時，會從足關節噴出毒液。

**巨長擬步行蟲**
屬於夜行性動物，白天隱身在枯樹皮下方。■擬步行蟲科■ 24 ～ 26 mm■本州、四國、九州

**潛砂擬步行蟲**
棲息在小沙石下方。■擬步行蟲科■ 11 ～ 12 mm■北海道～九州

**鍬型擬步行蟲**
群聚在質地較硬的多孔菌科蕈類。■擬步行蟲科■ 7 ～ 9 mm■北海道～九州、屋久島

**黑亮擬步行蟲**
棲息在樹齡較大的羅漢松或枯樹上，具有趨光性，是經常可見的昆蟲。■擬步行蟲科■ 16 ～ 20 mm■北海道～九州、屋久島

**虹色擬步行蟲**
可在樹齡較大的羅漢松或枯樹上見到其蹤影。■擬步行蟲科■ 5 ～ 6.5 mm■北海道～琉球群島（沖繩島以北）

**青擬步行蟲**
群聚在山區的花朵上，各地區產生的變異不同。■擬步行蟲科■ 8.2 ～ 12.5 mm■本州、四國、九州

**灰色朽木甲**
可在枯樹發現其蹤影，以成蟲過冬。■擬步行蟲科■ 14 ～ 16 mm■北海道～九州、屋久島

**台灣棘堅甲**
群聚於枯樹上。
■瘤擬步行蟲科■
7～11 mm■本州、
四國、九州

**突軀堅甲**
生長在山毛櫸樹林枯
樹上的多孔菌科蕈
類，是其最愛的棲息
地。瘤擬步行蟲科■
14～21 mm■本州、四
國、九州

**黑條黃甲**
群聚於山區的花
朵上。
■長頸甲科■7.5～
14 mm■本州、四
國、九州

**紅翅蟲**
聚集於枯樹上，由於
飛行速度很慢，反而
引人注意。■赤翅螢科
■12～17 mm■北海道～
九州

**虎斑甲** 珍稀種
齊聚在山區裡直
立枯萎的樹上。■
長朽木蟲科■9～
11 mm■本州

**黃斑甲**
可在橫臥的樹木
上看見其蹤跡。■
長朽木蟲科■8.5～
13.5 mm■北海道～
九州

**藍彩甲**
棲息在直立與橫
臥枯萎的樹上。■
長朽木蟲科■6～
15 mm■北海道～九
州

**三溝長朽木蟲**
棲息在直立與橫
臥枯萎的樹上。
■長朽木蟲科■
7～13.5 mm■北海
道～九州

**黑斑甲**
齊聚於山區的花卉，在枯樹
上產卵。■花蚤科■6.5～9.5
mm■北海道～九州、屋久島

**黃斑尖尾甲**
群聚於圓錐繡球等花卉或枯
樹上。■7～11.5 mm■北海道～
九州、吐噶喇群島（中之島）、
奄美大島

**尖尾甲**
棲息在森林裡蕨類植物的
葉子上。■花蚤科■8～
10.8 mm■琉球群島（沖繩島
以北）、三宅島、御藏島

**泛黃擬天牛**
群聚於花朵上，具有趨
光性。其體液接觸到皮
膚會引起發炎。■擬天牛
科■11～15 mm■北海道～
九州、屋久島

**黑色雙擬天牛**
在冷杉等針葉樹的枯樹上產
卵。■擬天牛科■15～20 mm■
北海道、本州（中部地方山岳
地）

**素木甲**
棲息在倒下的山
毛櫸。■花蚤科■
10.7～16.5 mm■本
州、四國、九州、
御藏島、屋久島

**黃擬天牛**
白天聚集於花朵，晚
上受到光線吸引。■
擬天牛科■12～16 mm
■北海道～九州

**亮頸擬天牛**
春季聚集在蒲公英的
花朵上。■擬天牛科■
5.5～8 mm■北海道～
九州
♂

**大紅芫菁**
幼蟲寄生在木蜂
巢中。■地膽科■
18～30 mm■本州、
四國、沖繩島、石
垣島

**日本芫菁**
出現於夏季，群聚
於花朵上，具有趨
光性。幼蟲寄生在
蜂類巢穴裡。■地
膽科■9～22 mm■
本州、四國、九州、
屋久島

**豆芫菁**
出現於夏季，以各
種草的葉子為食。
幼蟲寄生在蝗科昆
蟲的卵。■地膽科■
12～18 mm■本州、
四國、九州

**短翅突角芫菁**
出現於秋季，在地
上行走。幼蟲寄生
在蜂族巢穴裡。■
地膽科■8～21 mm
■北海道、本州

♂

## 天牛的生活習性

天牛種類很多，日本約有 800 種，全世界約有 3 萬種。其外型和特性也很豐富。幼蟲主要棲息在活樹枝幹和枯樹裡，成蟲擁有堅硬的前翅和發達的顎部。有些吃活樹的種類會棲息在樹裡，因此被視為害蟲。

▲吃樹皮的白條天牛。

### 利用銳利大顎
### 大口啃食樹皮

天牛吃各種植物，除了吃樹葉與花粉的類群之外，也有啃食活樹樹皮的種類。照片中的白條天牛，無論幼蟲或成蟲都吃活樹。樹被咬傷後會分泌樹液，吸引獨角仙和大紫蛺蝶等吸食樹液的昆蟲前來飽餐一頓。

▼群聚於牛皮消花朵的 *Stictoleptura pyrrha*（左）與潤胸天牛（右）。

▼啃食軟棗獼猴桃葉子的白星天牛。

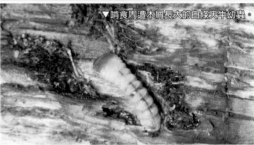

▲產在樹裡的白條天牛卵。

▼啃食周遭木屑長大的白條天牛幼蟲。

▼白條天牛的蛹。

▲在麻櫟樹幹上交配的白條天牛。

## 直到成蟲都在樹木中生活

大多數天牛在樹幹、枯木或木材中產卵，幼蟲孵化後在樹裡啃食周遭木屑長大，
並在樹裡化蛹。羽化的成蟲則在樹上挖洞，首次與外界接觸。

▼羽化後到外面世界的白條天牛。

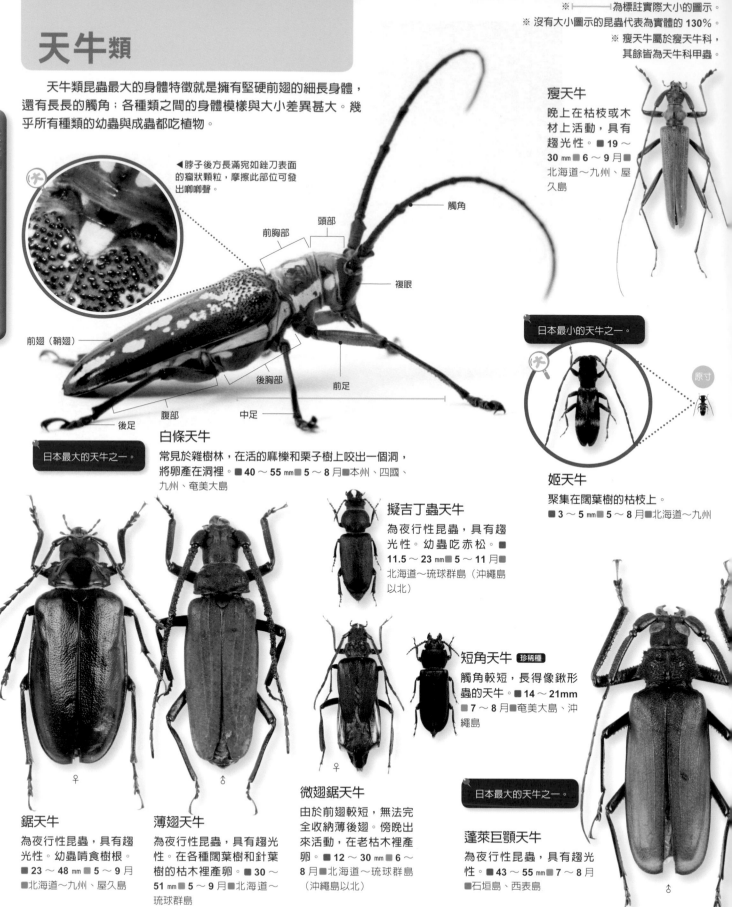

# 天牛類

天牛類昆蟲最大的身體特徵就是擁有堅硬前翅的細長身體，還有長長的觸角；各種類之間的身體模樣與大小差異甚大。幾乎所有種類的幼蟲與成蟲都吃植物。

※├─────┤為標註實際大小的圖示。
※ 沒有大小圖示的昆蟲代表為實體的130%。
※ 瘦天牛屬於瘦天牛科，
其餘皆為天牛科甲蟲。

◀脖子後方長滿宛如銼刀表面的瘤狀顆粒，摩擦此部位可發出唧唧聲。

觸角
頭部
前胸部
複眼
前翅（鞘翅）
後胸部
前足
腹部 中足
後足

**瘦天牛**
晚上在枯枝或木材上活動，具有趨光性。■ 19～30 mm ■ 6 ～ 9 月■北海道～九州、屋久島

日本最小的天牛之一。

原寸

**姬天牛**
聚集在闊葉樹的枯枝上。
■ 3 ～ 5 mm ■ 5 ～ 8 月■北海道～九州

**白條天牛**
常見於雜樹林，在活的麻櫟和栗子樹上咬出一個洞，將卵產在洞裡。■ 40 ～ 55 mm ■ 5 ～ 8 月■本州、四國、九州、奄美大島

日本最大的天牛之一。

**擬吉丁蟲天牛**
為夜行性昆蟲，具有趨光性。幼蟲吃赤松。■ 11.5 ～ 23 mm ■ 5 ～ 11 月■北海道～琉球群島（沖繩島以北）

**鋸天牛**
為夜行性昆蟲，具有趨光性。幼蟲啃食樹根。
■ 23 ～ 48 mm ■ 5 ～ 9 月■北海道～九州、屋久島

**薄翅天牛**
為夜行性昆蟲，具有趨光性。在各種闊葉樹和針葉樹的枯木裡產卵。■ 30 ～ 51 mm ■ 5 ～ 9 月■北海道～琉球群島

**短角天牛** 珍稀種
觸角較短，長得像鍬形蟲的天牛。■ 14 ～ 21mm ■ 7 ～ 8 月■奄美大島、沖繩島

**微翅鋸天牛**
由於前翅較短，無法完全收納薄後翅。傍晚出來活動，在老枯木裡產卵。■ 12 ～ 30 mm ■ 6 ～ 8 月■北海道～琉球群島（沖繩島以北）

日本最大的天牛之一。

**蓬萊巨顎天牛**
為夜行性昆蟲，具有趨光性。■ 43 ～ 55 mm ■ 7 ～ 8 月■石垣島、西表島

　■體長　■成蟲活躍的主要時期　■分布

### 嬌金花天牛
前翅顏色會從紅銅色變成青紫色，變化相當豐富。棲息在圓錐繡球和楓樹等植物花朵上。■8～15 mm■5～8月■北海道～九州

### 黑條黃胸天牛

從低地到山地皆可發現其蹤影，群聚於當歸與圓錐繡球等各種植物的花朵。■9～14.5 mm■6～8月■本州、四國、九州

### 潤胸天牛
群聚於當歸花與圓錐繡球等花朵，幼蟲主要吃松樹等針葉樹的枯樹。■10～17 mm■6～8月■北海道～九州

### 黑角傘花天牛
群聚圓錐繡球花上，也會棲息在枯樹上。■12～22 mm■6～8月■北海道～九州、沖繩島

### 黑胸天牛

聚集在圓錐繡球、冠蕊木等各種花朵上。■9～13 mm■5～8月■北海道～九州

### 黃紋花天牛
群聚於珍珠菜等植物的花朵，不同地方的模樣和外型出現變異。■12～20 mm■4～8月■北海道～九州、屋久島、奄美大島、沖繩島

### 黃斑天牛
聚集於錐栗樹和麻櫟樹分泌出的樹液，具有趨光性。■22～35 mm■5～8月■本州、四國、九州、琉球群島

**珍稀種**
### 短翅擬蜂天牛
前翅退化，擬態成蜜蜂。可在老桑樹上看見其蹤影。■16.5～34 mm■7～8月■北海道～九州、屋久島

### 青帶天牛
聚集在健康狀態不佳的合歡樹上，會飛向有光的地方。■15～35 mm■6～8月■本州、四國、九州

### 櫟藍天牛

群聚在合歡樹的枯枝與各種花朵。■7～10 mm■5～9月■北海道～九州

### 深毛脛粗小翅天牛
聚集在珍珠菜和食茱萸的花朵上，幼蟲吃合歡樹。■10～14 mm■7～8月■本州、四國、九州、屋久島

### 日本青胸天牛
屬於夜行性天牛，聚集在麻櫟樹的樹液。■25～30 mm■7～8月■本州、四國、九州

### 栗樹山天牛
晚上在活的栗子樹、枹櫟樹和錐栗樹等樹裡產卵，具有趨光性。■32～54 mm■5～8月■北海道～九州、屋久島

### 青色天牛
聚集在圓錐繡球的花上，亦可在麻櫟樹的木材上發現其蹤影。■12～19.5 mm■5～8月■北海道～九州、屋久島

**珍稀種**
### 費里爾氏紅星天牛
聚集於原生的青剛櫟樹和直立枯萎的楊梅樹上。■19～29 mm■6～7月■奄美大島

### 瑠璃星天牛

聚集在砍伐下來的闊葉樹上，幼蟲吃山毛欅和楓樹類植物。■18～29 mm■6～9月■北海道～九州

 Q: 天牛日文「カミキリムシ」的名稱由來是？　A: 漢字寫成「髮切虫」或「嚙み切り虫」，取名自天牛發達銳利的大顎。

63

天牛類

## 中華虎天牛

聚集在活的桑樹，棲息於葉子上。擬態為胡蜂。■ 17 ～ 26 mm ■ 7 ～ 9 月 ■北海道～九州、奄美大島、沖繩島、宮古島

擬態為胡蜂。

珍稀種

## 擬蜂虎斑天牛

在夏天的豔陽下，到活著的日本冷杉產卵。■21～27mm■7～9月■北海道～九州

## 杉天牛

出現於早春，在活著的杉木和檜木等樹幹上行走。■ 14 ～ 23 mm ■ 3 ～ 5 月 ■本州、四國、九州

## 紅翅小扁天牛

聚集在砍伐下來的杉樹上，是常見的杉木和檜木害蟲。■ 7 ～ 12 mm ■ 3 ～ 7 月 ■北海道～琉球群島

## 榆黃虎天牛

聚集在砍伐下來的欅樹。亦可在珍珠菜的花朵上看見其蹤影。■ 13 ～ 19 mm ■ 5 ～ 8 月 ■本州、四國、九州

## 細點黃斑天牛

可在砍伐下來的闊葉樹上發現其蹤跡。■ 10 ～ 15 mm ■ 4 ～ 10 月 ■北海道～九州

## 黃斑黑天牛

聚集在砍伐下來的闊葉樹。■ 11 ～ 18 mm ■ 3 ～ 10 月 ■宮古島、石垣島、西表島、與那國島等

## 白尾鏽天牛

群聚於枯枝上。■ 7 ～ 11 mm ■ 4 ～ 8 月 ■北海道～九州、屋久島

## 柿虎天牛

聚集在砍伐下來的闊葉樹或花朵上。■ 10.5 ～ 18 mm ■ 5 ～ 8 月 ■北海道～九州、屋久島

## 日本綠虎天牛

聚集在砍伐下來的闊葉樹或花朵上。■ 9 ～ 13.5 mm ■ 5 ～ 8 月 ■北海道～九州

## 丁美氏紅天牛

群聚於楓樹與栗子樹的花朵，幼蟲吃枯掉的竹子。■ 12.5 ～ 17 mm ■ 4 ～ 7 月 ■北海道～九州

## 條胸天牛

只棲息在刺楸或側柏的樹枝上，以成蟲型態過冬。■ 17 ～ 24 mm ■全年■本州、四國、九州

## 竹虎天牛

幼蟲吃竹子，偶爾可在城市見到其身影。■ 10 ～ 15 mm ■ 5 ～ 8 月 ■本州、四國、九州、琉球群島

## 黑斑翅天牛

棲息在大欅樹上，傍晚到枯枝產卵。有時可在九眼獨活的花朵上看見其身影。■ 12.5 ～ 17 mm ■ 8 ～ 9 月 ■本州、四國、九州

珍稀種

## 濱海長角虎天牛

聚集在枯萎的葡萄藤，雄蟲的觸角很長，是其外型特徵。■ 7 ～ 15 mm ■ 6 ～ 8 月 ■北海道、本州

## 帽斑紫天牛

聚集在砍伐下來的麻櫟樹，棲息範圍不大。■ 17 ～ 23 mm ■ 5 月 ■本州、四國、九州

## 星天牛

啃食健康的柑橘、無花果、梨樹和柳樹等植物，是常見害蟲。■ 25 ～ 35 mm ■ 5 ～ 10 月 ■北海道～琉球群島（宮古島以北）

▲緊貼在刺楸樹幹上過冬的條胸天牛。

■體長 ■成蟲活躍的主要時期 ■分布

**松斑天牛**

松樹的害蟲。棲息在孱弱的樹上並產卵。■ 14 ～ 27 mm ■ 5 ～ 10 月 ■本州、四國、九州、琉球群島（宮古島以北）

**灰斑星天牛** 2001年新種

具有趨光性。■ 27 ～ 30 mm ■ 7 ～ 8 月■九州（南部）

**橫濱斑天牛** 珍稀種

屬於夜行性，產卵在活著的山毛櫸上。具有趨光性。■ 25 ～ 35 mm ■ 7 ～ 8 月■本州、四國、九州

日本觸角最長的昆蟲。

**巨墨天牛**

屬於夜行性，聚集在健康狀況不佳的日本冷杉。■ 26 ～ 45 mm ■ 7 ～ 8 月■北海道～九州

前翅無法打開，不會飛。

**尖翅天牛**

常見於秋天，吃闊葉樹的枯葉。■ 14 ～ 23 mm ■ 5 ～ 10 月■本州（長野縣、關東地方以北）

**桑天牛**

吃活著的桑樹、櫸樹與山毛櫸。■ 32 ～ 45 mm ■ 6 ～ 8 月■本州、四國、九州

**黃星長角天牛**

吃活著的桑樹，具有趨光性。■ 15 ～ 30 mm ■ 5 ～ 9 月■北海道～琉球群島

**苧麻天牛** 外來種

吃苧麻葉。江戶時代從中國引進的外來種，分布範圍逐年擴大。■ 10 ～ 15 mm ■ 5 ～ 7 月■本州、四國、九州

**繡球花白星天牛**

吃繡球花類與春榆葉子。■ 7 ～ 13 mm ■ 5 ～ 9 月■北海道～九州

**粗綠直脊天牛**

吃葫蘆與華東椴等植物的葉子，也會聚集在砍伐下來的樹上。■ 11 ～ 17 mm ■ 5 ～ 8 月■北海道～九州

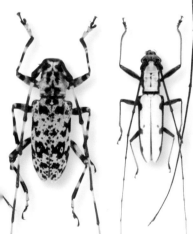

**地衣天牛**

聚集在直立枯萎的山毛櫸，外型與樹幹幾乎相同，完全看不出天牛的模樣。■ 11 ～ 24 mm ■ 5 ～ 9 月■北海道～九州、屋久島

**大狹胸白天牛**

以櫸樹和糙葉樹的葉子為食。晚上會聚集在砍下來的櫸樹上。■ 16 ～ 23 mm ■ 7 ～ 8 月■本州、四國、九州

**紅星天牛**

常見於沿岸，聚集在紅楠樹上。成蟲會吃新芽。■ 18 ～ 25 mm ■ 5 ～ 9 月■本州、四國、九州、琉球群島（奄美大島以北）

**日本筒天牛**

吃櫻花葉。這是日本第一隻取名的天牛。■ 13 ～ 21 mm ■ 5 ～ 8 月■北海道～九州

**一色黃紋天牛**

成蟲吃桑樹葉，幼蟲吃枯萎的鹽膚木。■ 11 ～ 16 mm ■ 7 ～ 8 月■本州（關東地方以西）、四國、九州

 **Q:** 天牛的觸角有何作用？　　**A:** 天牛的觸角有許多作用。舉例來說，雄蟲會伸出長觸角尋找可以交配的雌蟲，藉由碰觸雌蟲了解對方。

# 全球天牛類

目前已知全球約有 2 萬種天牛，許多種類發展出獨特的觸角和大顎，大小與外觀也各有不同。

### 長夾巨天牛

擁有極發達的大顎，體長可達 **15cm**，棲息在南美洲亞馬遜流域。

全球觸角最長的昆蟲。

### 木棉天牛

觸角節長著刷狀毛，棲息在喜馬拉雅山到中南半島、馬來半島、中國南部。體長約 **40mm**。

### 星斑長髮天牛

雄蟲的觸角可超過體長的 **2** 倍，棲息在新幾內亞與周邊島嶼，體長約為 **75mm**。

### 泰坦大天牛

全世界最大的天牛，體長將近 **200mm**。幼蟲更大，達 **250mm**。棲息在南美洲亞馬遜河流域。

世界最大天牛。

## 長臂天牛

體長約 **80mm**，雄蟲前足約為體長的 **2** 倍。以橡膠樹為食，橡膠樹是製成橡膠的原料。棲息於中美洲到南美洲一帶。

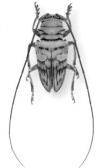

## 琉璃姬天牛

棲息在非洲中部到西部一帶的熱帶雨林，體色十分美麗。體長約 **20mm**。

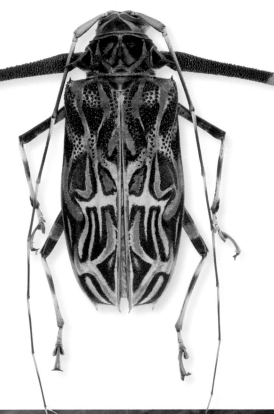

▼起飛瞬間的琉璃姬天牛。

▲從樹上起飛的長臂天牛，翅膀下方沾附著擬蠍。

### 專欄 長臂天牛與擬蠍

只要長臂天牛張開翅膀，就會發現其翅膀下方沾附著擬蠍，這是節肢動物的一種。寄生在長臂天牛翅膀下，吸食長臂天牛體液的蟎類，是擬蠍最愛吃的食物。只要躲在長臂天牛翅膀下，擬蠍不僅有充沛的食物來源，也無須害怕鳥類等天敵捕食。另一方面，擬蠍還能幫助長臂天牛解決蟎害，可說是雙贏的共生關係。

此外，長臂天牛移動範圍比擬蠍遠，因此也有昆蟲學家認為，擬蠍將長臂天牛當成「飛機」使用。

◀擬蠍是昆蟲類緣的節肢動物。

# 金花蟲類

金花蟲類的身體較小，以植物的葉子為食。日本約有 560 種，大多擁有寶石般的美麗體色。

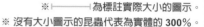 ※├─────┤為標註實際大小的圖示。
※ 沒有大小圖示的昆蟲代表為實體的 **300%**。

### 粉筒胸肖葉甲
吃蘋果、栗子與核桃等植物的葉子。■金花蟲科■ **6 ～ 7** mm■ **5 ～ 7** 月■北海道～九州

### 黑條金花蟲
聚集在薹草屬植物的花朵上。體色從紅銅色到青紫色，出現各種變異。■金花蟲科■ **7 ～ 11** mm■ **5 ～ 7** 月■北海道、本州、九州

### 十四斑窄頸金花蟲
吃蘆筍的葉子。■金花蟲科■ **6 ～ 7** mm■ **6 ～ 7** 月■本州、九州

### 褐軀金花蟲
吃菝葜的葉子。■金花蟲科■ **7 ～ 10** mm■ **4 ～ 7** 月■本州、四國、九州

### 水稻負泥蟲
吃稻子和鴨茅等植物。■金花蟲科■ **2 ～ 4.5** mm■ **4 ～ 7** 月■北海道～九州、與那國島

▲ 擬瓢金花蟲會在卵上塗糞便，避免天敵捕食。

### 酸棗隱頭葉甲
吃槲樹的葉子。■金花蟲科■ **7 ～ 8.2** mm■ **6 ～ 9** 月■本州、四國、九州

### 黑斑赤翅金花蟲
吃樺樹與柳樹等植物的葉子。■金花蟲科■ **8 ～ 11** mm■ **6 ～ 10** 月■本州、四國、九州

### 艾草銅金花蟲
吃艾草葉。■金花蟲科■ **7 ～ 10** mm■ **4 ～ 11** 月■北海道～琉球群島

### 薄荷金葉甲
吃薄荷、紫蘇與寶蓋草的葉子。■金花蟲科■ **7.5 ～ 9** mm■ **4 ～ 9** 月■北海道～九州

### 白楊葉甲
吃柳樹、遼楊等植物的葉子。■金花蟲科■ **10 ～ 12** mm■ **5 ～ 9** 月■北海道～九州

### 虹綠金花蟲
大型金花蟲，在溼地吃地筍的葉子。■金花蟲科■ **9 ～ 14** mm■ **6 ～ 9** 月■本州

### 赤楊金花蟲
吃日本榿木與鵝耳櫪。■金花蟲科■ **6.8 ～ 8.2** mm■ **6 ～ 9** 月■北海道、本州

### 柳二十斑金花蟲
吃柳樹類植物的葉子。■金花蟲科■ **6.8 ～ 8.5** mm■ **4 ～ 7** 月■北海道～九州

### 胡桃金花蟲
吃核桃楸、水胡桃的葉子。■金花蟲科■ **6.8 ～ 8.2** mm■ **5 ～ 8** 月■北海道～九州

### 紅背豔猿金花蟲
吃蛇葡萄的葉子。■金花蟲科■ **5.5 ～ 7.5** mm■ **6 ～ 8** 月■北海道～琉球群島

■科 ■體長 ■成蟲活躍的主要時期 ■分布

## 黃守瓜

瓜類害蟲。
■金花蟲科■5.6～7.3
mm■4～11月■本州、
四國、九州、琉球群島

## 黑腳黑守瓜

瓜類害蟲。■金花蟲科
■5.8～6.3 mm■4～10
月■本州、四國、九州、
琉球群島

## 凹翅擬守瓜

吃絞股藍等植物的葉
子。■金花蟲科■4.5～
5.5 mm■5～8月■北海
道～九州

## 黑藍准鐵甲蟲

吃芒草的葉子。■金花
蟲科■4.2～4.5 mm■6～
9月■本州、四國、九州

## 彌猴桃柱螢葉甲

吃軟棗獼猴桃等植物
的葉子。■金花蟲科■
5.8～7.8 mm■6～9月
■北海道～九州

## 雙帶廣螢金花蟲

吃虎杖等植物的葉子，以
成蟲型態過冬。■金花蟲科
■7～10 mm■4～10月■
北海道～九州

## 二星龜金花蟲

吃日本紫珠等植物的
葉子。■金花蟲科■
8～9 mm■4～10月
■本州、四國、九州、
琉球群島

## 棗掌鐵甲蟲 珍稀種

出現於夏到秋季，吃北枳椇的葉子。■金花蟲
科■6.5 mm■8～10月■對馬

## Y 型龜金花蟲

吃日本打碗花等植物的葉子。■金花蟲科
■7.2～8.2 mm■4～9月■北海道～九州

## 琉璃粗腿金花蟲 外來種

原生於東南亞的外來種，2009
年確認棲息在日本三重縣。吃
葛樹的葉子。■金花蟲科■15～
20 mm■6～8月■本州（三重縣）

### 專欄 從外國傳入日本的金花蟲

　　赤楊金花蟲是原
生於台灣的金花蟲，
2010 年 3 月首次在
沖繩島北部的山原之
森發現。赤楊金花蟲
吃森林裡日本榿木
的葉子，很快蔓延至
整座沖繩島，數量龐
大。這些外來種很可
能改變原本的生態系統，未來發展令人擔憂。

▲在沖繩島大量繁殖的赤楊金花蟲。

 鐵甲蟲因身上有刺，日文稱為「トゲハムシ」（刺葉蟲），暱稱「トゲトゲ」（刺刺的）。其中包含無刺的「トゲナシトゲハムシ」
（無刺的刺葉蟲），名字十分有趣。

69

## 象鼻蟲的生活習性

象鼻蟲族群大多具有長長的口器,由於口器形狀很像大象的鼻子,因此得名。長口器前方有一個大顎,用來啃食葉子,能在堅硬的果實上打洞。

### 以長型口器在果實上打洞 並在果實內產卵

象鼻蟲的產卵方式相當特別,因此演化出長長的口器。牠先利用長口器在樹木果實上鑽洞,再將卵產在果實深處。卵在樹果中孵化,幼蟲吃身邊的果肉長大。果實既成為保護自己的巢穴,也是食物來源。

◀在樹果打洞的橡實象鼻蟲

▲在樹果中孵化的橡實象鼻蟲幼蟲。

▼切斷樹枝的剪枝櫟實象鼻蟲。

### 齒顎象昆蟲會切斷樹枝

齒顎象產卵在柔軟的青澀果實裡,產完卵後就將結實的枝條切斷。這個做法可避免果實變硬,適合幼蟲食用。

## 捲葉象鼻蟲的生活習性

捲葉象鼻蟲族群的幼蟲與成蟲都吃植物。牠們擁有細長的頭部，活動自如。不僅如此，銳利的大顎還能像剪刀一樣，俐落地剪斷葉子。

▲將葉子捲起來的捲葉象鼻蟲。

▲正在剪斷葉子的捲葉象鼻蟲。

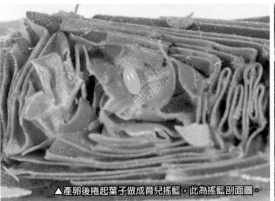

▲產卵後捲起葉子做成育兒搖籃，此為搖籃剖面圖。

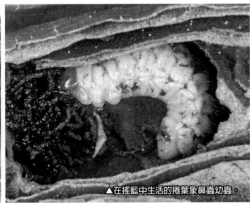

▲在搖籃中生活的捲葉象鼻蟲幼蟲。

## 捲起葉片
## 做成「育兒搖籃」

部分捲葉象鼻蟲會捲起葉子，做成「育兒搖籃」。先用大顎剪斷葉子，再運用頭部和足部俐落地捲起葉子。做完搖籃後便在搖籃中產卵。在搖籃裡孵化的幼蟲吃身邊的葉子長大，在搖籃裡化蛹。長為成蟲後才剪破搖籃，來到外面的世界。

▲搖籃中的蛹。

▼羽化後從搖籃裡出來的成蟲。

# 象鼻蟲及捲葉象鼻蟲類

大多數象鼻蟲的特徵是口器前端（口吻）很長，利用前端的大顎在樹果和樹幹上打洞。捲葉象鼻蟲的特徵則是頭部動作十分靈活，無論幼蟲與成蟲都吃植物。昆蟲學家認為日本有超過 1000 種象鼻蟲和捲葉象鼻蟲。

※ ├───────┤ 為標註實際大小的圖示。
※ 沒有大小圖示的昆蟲代表為實體的 200%。

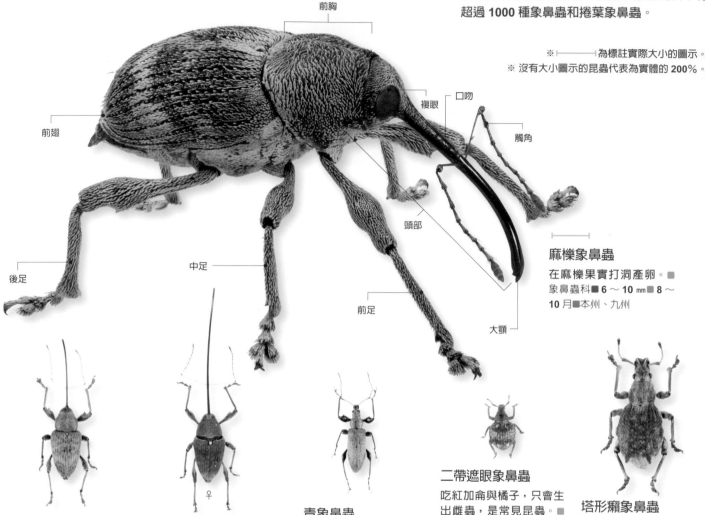

前胸
前翅
複眼
口吻
觸角
頭部
大顎
中足
後足
前足

**麻櫟象鼻蟲**
在麻櫟果實打洞產卵。■象鼻蟲科■ 6 ～ 10 ㎜■ 8 ～ 10 月■本州、九州

**栗實象鼻蟲**
在栗子樹的果實裡產卵，具有趨光性。■象鼻蟲科■ 6 ～ 10 ㎜■ 7 ～ 10 月■本州、四國、九州

**長吻象鼻蟲**
在山茶花的果實產卵，雌蟲的口吻比身體還長。■象鼻蟲科■ 6 ～ 9 ㎜■ 5 ～ 10 月■本州、四國、九州

**青象鼻蟲**
吃各種闊葉樹和虎杖的葉子。■象鼻蟲科■ 6.2 ～ 9 ㎜■ 5 ～ 7 月■北海道、本州（中部地方以北）

**二帶遮眼象鼻蟲**
吃紅加侖與橘子，只會生出雌蟲，是常見昆蟲。■象鼻蟲科■ 5 ～ 6 ㎜■ 5 ～ 9 月■北海道～九州

**塔形癩象鼻蟲**
聚集在胡枝子與藤等豆科植物上。■象鼻蟲科■ 13 ～ 15 ㎜■ 6 ～ 8 月■本州、四國、九州

**橫斑灰象**
吃醋栗與胡枝子等植物的葉子。■象鼻蟲科■ 3.6 ～ 7.5 ㎜■ 6 ～ 8 月■本州、四國、九州、琉球群島

**黑球背象鼻蟲**
聚集在倒卵葉算盤子上，上翅黏在一起，無法飛行。■象鼻蟲科■ 11 ～ 15 ㎜■ 5 ～ 9 月■石垣島、西表島

**淡褐象鼻蟲**
群聚於九眼獨活和遼東木。■象鼻蟲科■ 12 ～ 14 ㎜■ 4 ～ 7 月■本州、四國、九州、琉球群島

**西伯利亞綠象鼻蟲**
吃核桃楸與柳樹的葉子。■象鼻蟲科■ 12 ～ 15 ㎜■ 6 ～ 8 月■北海道、本州、九州

**禾紋象鼻蟲**

以魁蒿為食。■象鼻蟲科■9～14 mm■5～8月■本州、四國、九州

**鳥糞象鼻蟲**

吃葛屬植物，看起來很像鳥糞。■象鼻蟲科■9～10 mm■4～8月■本州、四國、九州

**李潛葉象鼻蟲**

以櫻花樹和李子樹為食。■象鼻蟲科■4～5 mm■5～8月■本州、四國、九州

**楊黃星象鼻蟲**

可在河邊的柳樹發現其蹤影。■象鼻蟲科■8～10.5 mm■6～8月■北海道、本州、九州

**巨胸象鼻蟲**

在錐栗樹果實產卵，具有趨光性。平時附著於樹幹，以成蟲型態過冬。■象鼻蟲科■7.2～8.5 mm■本州、四國、九州

**亞當斯點刻象鼻蟲**

棲息在青剛櫟、鹽膚木等植物上，具有趨光性。■象鼻蟲科■14～18 mm■5～8月■本州、四國、九州

**十星筬象鼻蟲**

棲息在鴨跖草上。■步行象鼻蟲科■5.8～7.9 mm■5～10月■本州、四國、九州

**斑象鼻蟲**

聚集於山區的針葉樹上。■象鼻蟲科■10.5～14.6 mm■6～10月■本州、四國、九州

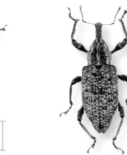

**白紋象鼻蟲**

身體覆蓋一層白色鱗片，吃長梗紫麻與櫻花樹等植物。■象鼻蟲科■7～8 mm■本州（三重縣、和歌山縣）、九州、琉球群島

♀　　♂

**三錐象鼻蟲**

雄蟲與雌蟲的口吻形狀不同，聚集於枯萎的闊葉樹上。■三錐象鼻蟲科■10.6～23.5 mm■本州、四國、九州、屋久島、奄美大島、德之島、沖繩島

日本最大的象鼻蟲。

**大褐象鼻蟲**

可在砍下來的樹和分泌樹液處發現其蹤跡。■步行象鼻蟲科■12～29 mm■6～10月■北海道～琉球群島

**米象**

吃米的害蟲。■步行象鼻蟲科■2.9～3.5 mm■北海道～九州、琉球群島

**甘藷蟻象**

吃旋花科等植物，也是番薯的害蟲，廣泛分布於熱帶。■三錐象鼻蟲科■6～7 mm■九州、琉球群島

▲吃米的玉米象。

**寬軀象鼻蟲**

吃日本醉魚草和毛泡桐等植物。■象鼻蟲科■3.7～4.9 mm■5～8月■北海道、九州

**朴樹灰斑象鼻蟲**

聚集於枯萎的朴樹。■象鼻蟲科■5.9～8.5 mm■6～8月■本州、四國、九州

 **小常識**　捲葉象鼻蟲做的育兒搖籃看起來就像是丟在路邊的匿名信，因此日本人稱之為「落とし文」。

象鼻蟲及捲葉象鼻蟲類

**巨軀象鼻蟲**
在野茉莉的果實裡產卵。■長角象鼻蟲科■3.5～5.5 mm■6～8月■本州、九州

**突胸象鼻蟲** 珍稀種
聚集於山區的枯樹上。■長角象鼻蟲科■15 mm■6～8月■本州

**齒顎長角象鼻蟲**
生長在段木上，質地較硬的朱紅密孔菌是其聚集之處。也有體色偏黑的種類。■長角象鼻蟲科■5～8 mm■6～8月■北海道～九州

**矩翅象鼻蟲**
棲息在枯萎的闊葉樹上。■長角象鼻蟲科■6.3～8.5 mm■6～8月■北海道、本州、九州

珍稀種
**九州長角象鼻蟲**
群聚於橫臥的樹木或燈光下，雄蟲的觸角很長，雌蟲的觸角較短。■長角象鼻蟲科■11～19 mm■九州（南部）、奄美大島、沖繩島

 ♂

**黑紋長角象鼻蟲**
棲息在枯萎的闊葉樹上。■長角象鼻蟲科■4.5～7.1 mm■4～7月■本州、四國、九州

**剪枝櫟實象鼻蟲**
在枹櫟樹的果實裡產卵。■捲葉象鼻蟲科■7～9.1 mm■7～9月■本州、四國、九州

**黃栗象鼻蟲**
吃栗子樹的葉子。■捲葉象鼻蟲科■5.5～7.1 mm■6～8月■本州、四國、九州

**槭捲葉象鼻蟲**
捲起虎杖、遼楊與楓樹的葉子，在葉子裡產卵。■捲葉象鼻蟲科■5.4～7 mm■5～7月■北海道、本州

**楓捲葉象鼻蟲**
捲起楓屬植物的葉子，並在葉子裡產卵。■捲葉象鼻蟲科■4.9～6 mm■4～7月■本州（東海地域以西）、四國、九州

**藍捲葉象鼻蟲**
捲起楓屬植物的葉子，並在葉子裡產卵。■捲葉象鼻蟲科■5.5～8.5 mm■5～7月■北海道～九州

**日本蘋虎象鼻蟲**
在桃子與梨子的果實裡產卵。■捲葉象鼻蟲科■7～10.5 mm■6～8月■北海道～九州

**長頸象鼻蟲**
捲起野茉莉、領春木葉子，並在葉子裡產卵。雄蟲頭部很長。■捲葉象鼻蟲科■6～9.5 mm■5～9月■北海道～九州

**長足切葉象鼻蟲**
捲起枹櫟、青剛櫟屬植物的葉子，在葉子裡產卵。■捲葉象鼻蟲科■6.5～8 mm■5～7月■本州、四國、九州

**花斑切葉象鼻蟲**
捲起麻櫟、栗子樹的葉子，在葉子裡產卵。■捲葉象鼻蟲科■7～8.2 mm■5～8月■北海道～九州

**八齒小蠹蟲**
幼蟲與成蟲都吃日本落葉松，藏在樹皮內側，在樹幹上打洞。■小蠹蟲科■5 mm左右■7～10月■北海道、本州

**齒帶捲葉象鼻蟲**
捲起通條木、齒葉溲疏的葉子，在葉子裡產卵。■捲葉象鼻蟲科■6～7 mm■5～9月■北海道～九州

**捲葉象鼻蟲**
捲起日本橿木、櫟樹的葉子，在葉子裡產卵。■捲葉象鼻蟲科■8～9.5 mm■5～8月■北海道～九州

# 全球象鼻蟲類

象鼻蟲是所有生物中，種類最多的類群。目前已知全世界約有 6 萬種，還有許多尚未發現的種類。有些種類擁有寶石般的美麗顏色，有些長著長毛，有些像是戴著鎧甲，外型特徵各異其趣。

※├─────┤為標註實際大小的圖示。

黑斑藍寶石象鼻蟲　　　　黑條藍寶石象鼻蟲　　　　藍寶石象鼻蟲　　　　玄帶藍寶石象鼻蟲

## 藍寶石象鼻蟲近緣種類

　　寶石象鼻蟲棲息在新幾內亞和周邊島嶼，目前已知有 **40** 多種。每種外型都很相似，但顏色和圖案各有特色，宛如寶石般燦爛。

**巨型紅木象**

　　棲息在馬來西亞叢林，是全世界最大的象鼻蟲。體長約 **80mm**，擁有強而有力的前足。

**擬蛛長腳象鼻蟲**

　　棲息於蘇門答臘，有長長的足，走起路來很像蜘蛛。體長約 **8mm**。

**長毛茶紋象鼻蟲**

　　全身布滿長毛，棲息在馬達加斯加島。體長約 **20mm**。

**長臂象鼻蟲**

　　體長 **75mm**，前足長度將近 **130mm**。棲息在馬來半島，群聚於椰子類植物。

# 蝶類

蝴蝶類群擁有各式各樣的顏色與模樣各異的翅膀，日本約有 **240** 種。大多數蝴蝶的大顎退化，口器像是一根長管。幼蟲稱為「毛蟲」或「毛毛蟲」，化蛹後羽化為成蟲，屬於完全變態昆蟲。

## 4 片大翅膀

蝴蝶族群有 4 片翅膀，拍動前後翅膀，身體上下振動即可飛翔。

## 蝴蝶的生活習性

蝴蝶族群白天活動，到處飛翔，吸食花蜜。雄蝶以視覺尋找雌蝶。交配結束後，雌蝶產卵在植物葉子上。

▼黃鳳蝶的翅膀有防水作用。

◀吸食花蜜的黃鳳蝶。

## 覆蓋在蝴蝶
## 身體的鱗片

　　蝴蝶翅膀覆蓋著一層像細鱗的物質，稱為鱗片。鱗片具有潑水性質，不怕雨水淋溼翅膀。

▼擁有豔麗翅膀的孔雀蛺蝶。

## 翅膀的模樣

　　大多數蝴蝶翅膀的模樣是由一顆顆鱗片的顏色，緊密排列在一起而成。鮮豔的翅膀可以吸引異性交配；顏色與形狀長得像植物的翅膀，可以避免天敵攻擊。此外，即使是同一種蝴蝶，也會因出生季節，產生不同顏色與模樣的翅膀。

▲枯葉蝶收起翅膀時，看起來就像一片枯葉。

## 蝴蝶的食物千奇百怪

蝴蝶不只吃花蜜，還會吸食樹液和果實，就連動物屍體和糞便分解液也是食物之一。

▲ 大規模群聚吸食崖椒花蜜的青鳳蝶。

▲ 伸出像吸管般的口器，吸食花蜜的紋白蝶。

▲ 吸水的布網蜘蛺蝶。昆蟲學者認為，布網蜘蛺蝶吸水是為了補充礦物質。

▲ 吸食樹液的大紫蛺蝶。

▲ 從蜥蜴（日本草蜥）屍體吸食體液的長鬚蝶。

## 從蛹羽化為成蟲

　　卵孵化出幼蟲，幼蟲吃葉子不斷長大，經過多次蛻皮過程後結成蛹。化蛹時間的長短受到氣溫影響，時機成熟後，羽化成有翅膀的成蟲，華麗變身。

▲鳳蝶幼蟲。

△剛從蛹羽化出來的鳳蝶。

## 蝴蝶與蛾的差異

　　蝴蝶與蛾雖然名稱不同，但同屬鱗翅目昆蟲。蝴蝶與蛾各自都有明顯特徵，無法清楚分辨。

| 蝴蝶 | 蛾 |

=== 活動時間 ===

蝴蝶為晝行性，蛾大多數為夜行性。

▲日本虎鳳蝶　　　　　　▲日本長尾水青蛾

=== 觸角 ===

蝴蝶觸角宛如棍棒，愈前端愈粗；有些種類的蛾觸角前端較細，有些則像梳子般前端較寬。

　　　　　　　　　　　　▲榆綠天蛾

▲黃鳳蝶

=== 靜止姿態 ===

大多數蝴蝶停下來時會闔前翅膀；大多數蛾則是張開翅膀。

▲斯赭灰蝶　　　　　　　▲豹斑赤燈蛾

# 鳳蝶類

大多數鳳蝶的後翅都有尾狀突起，也就是像尾巴一樣往外延伸的部分。鳳蝶幼蟲只要遭遇天敵攻擊，就會伸出臭角散發味道。

※ 無原寸圖示的昆蟲代表為實體的 70%。
※ 本頁介紹的都是鳳蝶科昆蟲。

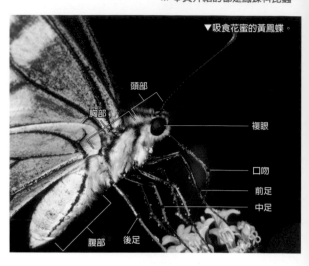

▼吸食花蜜的黃鳳蝶。

頭部
胸部
複眼
口吻
前足
中足
腹部　後足

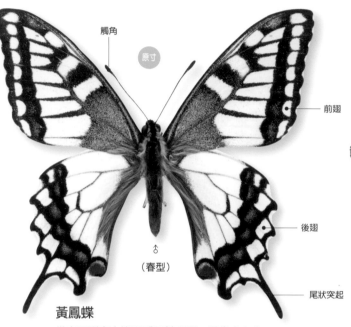

觸角
原寸
前翅
後翅
♂
（春型）
尾狀突起

## 黃鳳蝶

從市區到高山皆可看見其身影，通常會在山頂集結，占據地盤。■ 36 ～ 70 mm■溫暖地區為 3 ～ 11 月■北海道～琉球群島（屋久島以北）■芹菜

♀
（夏型）

♂
（春型）

## 柑橘鳳蝶

經常可在市區與農田等，人類居住的地方發現其蹤跡。■ 35 ～ 60 mm■本州的溫暖地區3 ～ 10 月■北海道～琉球群島■山椒

♂

## 黑鳳蝶

分布廣泛，從市區到山區皆可見其身影。■ 45 ～ 72 mm■本州的溫暖地區 4 ～ 9月■本州、四國、九州、琉球群島■枸橘

♀

## 美姝鳳蝶

主要棲息在山區沼澤附近，吸食地面的水。■ 47 ～ 70 mm■4 ～ 9 月■北海道～九州■臭常山

■前翅長　■成蟲活躍的主要時期　■分布　■幼蟲的食物

## 大鳳蝶

分布地區擴及日本北邊的蝴蝶，近年在關東地方也能發現其蹤影。■60～80 mm■春～秋■本州（關東地方以西）、四國、九州、琉球群島（沖繩群島以北）■溫州蜜柑

## 白紋鳳蝶

常見於森林邊緣，在地面吸水。可在東南亞許多地區發現其蹤影，但東南亞的白紋鳳蝶體型比日本大。■50～80 mm■本州為 4～10 月■本州、四國、九州、琉球群島（沖繩群島以北）■食茱萸

雌蝶擬態為有毒的紅珠鳳蝶。

## 玉帶鳳蝶

常見於南方島嶼陽光燦爛的地方。■36～55 mm■分布區域的北端為 2～11 月■琉球群島（奄美群島以南）■飛龍掌血

## 翠鳳蝶

分布範圍廣泛，從低地到山區皆可看見其蹤影，在地面吸水。■45～80 mm■4～8 月■北海道～琉球群島（吐噶喇群島以北）■臭常山

## 綠帶翠鳳蝶

可在山區林道看見其群聚吸水的場景。■38～75 mm■4～8 月■北海道～琉球群島（屋久島以北）■關黃柏

## 青鳳蝶

常見於市區公園到山區，分布範圍廣泛。飛行速度很快。■32～45 mm■本州為 5～9 月■本州、四國、九州、琉球群島■樟樹

## 木蘭青鳳蝶

常見於種植其喜食樹木的神社、公園或山區沼澤邊。■40～50 mm■九州以北為 4～8 月■本州（南部）、四國、九州、琉球群島■烏心石

♂（背面）

**小常識** 鳳蝶族群的雄蝶會在森林邊緣或河邊，沿著固定路徑飛行，稱為蝶道。

※ 本頁標本為實體的 70%
※ 本頁介紹的都是鳳蝶科昆蟲。

## 虎鳳蝶

主要常見於山區低處的落葉闊葉林與日本落葉松附近。■ 25 ～ 33 ㎜■早春■北海道、本州■細辛

## 日本虎鳳蝶 〔瀕危物種〕

日本特產種，又名「春天女神」。常見於低地雜樹林周邊，到山區的山毛櫸林。■ 27 ～ 36 ㎜■早春■本州■寒葵

## 艾雯絹蝶 〔珍稀種〕

棲息在岩石地區或花田的高山蝶，是日本國家指定的天然紀念物。■ 24 ～ 32 ㎜■ 6 ～ 8 月■北海道中部高山地帶■奇妙荷包牡丹

## 麝鳳蝶

翅膀拍動的速度不快，在森林邊緣緩慢飛行。■ 42 ～ 60 ㎜■寒冷地區為 5 ～ 8 月、琉球群島為全年■本州、四國、九州、琉球群島■馬兜鈴

## 白絹蝶

在森林邊緣緩慢飛行。■ 26 ～ 37 ㎜ ■ 6 月■北海道■東北延胡索

## 冰清絹蝶

常見於森林邊緣的草地，如滑翔般緩慢飛行。■ 26 ～ 38 ㎜■ 4 ～ 5 月■北海道、本州、四國■刻葉紫菫

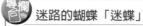
麝鳳蝶與紅珠鳳蝶體內有毒，鳥類不吃。

原寸

## 紅紋鳳蝶

翅膀拍動幅度不大，飛行速度緩慢。廣泛棲息於東南亞。■ 45 ～ 55 ㎜■全年■宮古列島、八重山列島■琉球馬兜鈴

### 專欄　迷路的蝴蝶「迷蝶」

有時蝴蝶會被強風吹到陌生的地方（非棲息地），這種蝴蝶稱為「迷蝶」。在日本，每年都可在琉球群島一帶，發現好幾次擁有大翅膀且飛行速度緩慢的斑蝶。有些迷蝶就此定居在日本。

▼日本常見的迷蝶「翠斑青鳳蝶」（鳳蝶科）。

　■前翅長　■成蟲活躍的主要時期　■分布　■幼蟲的食物

# 粉蝶類

大多數粉蝶擁有白色或黃色翅膀，常見於人類居住的地方，是家喻戶曉的蝴蝶。粉蝶的幼蟲稱為「青蟲」，經常可在高麗菜葉子上發現其蹤跡。

♂　♀

## 紋白蝶

從高麗菜田到高山，陽光充沛的地方皆能看見其身影。■20～30 mm■本州為3～11月■北海道～琉球群島■高麗菜

 翅膀上的黑紋是其特色所在。

♀　♂

（夏型）　（秋型）

## 北黃蝶

近年來發現其與琉球群島的南黃蝶為不同種蝴蝶。■18～27 mm■全年■本州、四國、九州、琉球群島■合歡樹

### 拒絕求婚的雌粉蝶

這是兩隻紋白蝶。上方的雄蝶正在向下方的雌蝶求愛，雌蝶張開翅膀、腹部朝上的姿勢代表牠拒絕交配。在粉蝶科蝴蝶中，這是很常見的情景。

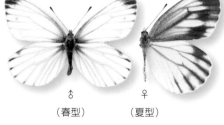

♂　♀

（春型）　（夏型）

## 黑紋白蝶

常見於平地或低山區的森林邊緣。■24～35 mm■本州為4～10月■北海道～九州■蕕菜

♂　♂

（秋型）　（夏型）

## 尖角黃粉蝶 〔瀕危物種〕

常見於河邊平原與草地。■16～23 mm■5～11月■本州、四國、九州、琉球群島（屋久島、種子島以北）■豆茶決明

 雌蝶的翅膀有白色和黃色兩種。

♂　♀

## 斑緣點粉蝶

分布範圍廣泛，從市區到山區等明亮處皆可看見其身影。■22～33 mm■本州為3～11月■北海道～琉球群島■紅萩草

♂　♀

（春型）　（夏型）

## 大和黑紋粉蝶

根據最近的研究，過去歸納在蝦夷黑紋粉蝶的蝴蝶分成兩種。這是其中之一。■18～32 mm■本州為4～10月■北海道～九州■葡萄南芥

♂　♀

## 淡色鉤粉蝶

常見於山地溪流邊和草原。■28～40 mm■6～7月■本州、四國■鼠李類植物

♂　♀

## 鉤粉蝶 〔瀕危物種〕

常見於山區草原。■30～35 mm■8月■本州（中部）■鼠李

♂　♀

## 黑邊青豆粉蝶 〔珍稀種〕

主要常見於高山花圃裡。■22～28 mm■6～8月■本州中部的飛驒山脈與淺間山系■篤斯越橘

 小常識　紋白蝶可反射紫外線。在紫外線照射下，雄蝶和雌蝶的翅膀會變色，可藉此分辨雄雌。

※ 本頁標本為實體的 70%。
※ 本頁介紹的都是粉蝶科昆蟲。

## 遷粉蝶

常見於明亮的森林邊緣，飛行速度快。■ 28 ～ 40 mm■全年■琉球群島■阿勃勒

## 細波遷粉蝶

常見於開闊的農田和市區。■ 24 ～ 38 mm■全年■琉球群島（沖繩島以南）■望江南

## 突角小粉蝶 `瀕危物種`

棲息於草原等日光充足的環境，飛行速度緩慢。■ 17 ～ 28 mm■ 4 ～ 10 月■北海道、本州、九州■山野豌豆

## 橙端粉蝶（端紅蝶）

具有彈力十足的飛行能力，可飛至森林邊緣的高處。■ 40 ～ 55 mm■接近分布範圍北端的棲息處為 3 ～ 11 月■九州（南部）、琉球群島■樹頭菜

## 紅襟粉蝶 `珍稀種`

主要棲息於高山周邊的沼澤，岩質、石頭較多的地方。在蝶道直線飛行。■ 18 ～ 23 mm■ 4 ～ 7 月■本州中部的高山周邊■深山南芥

## 黃尖襟粉蝶

廣泛分布於平地到山區，是春季最具代表性的粉蝶。■ 20 ～ 30 mm■早春■北海道～琉球群島（屋久島以北）■硬毛南芥

雄蝶的鱗片很薄，翅膀看起來像是半透明。

## 山楂粉蝶

分布範圍廣泛，從市區到山地都可看見其身影。幼蟲過著群居生活。■ 32 ～ 45 mm■ 6 ～ 8 月■北海道■日本山櫻

## 小檗絹粉蝶 `瀕危物種`

可在亞高山帶森林附近看見其身影。幼蟲過著群居生活。■ 30 ～ 40 mm■ 6 ～ 8 月■本州（中部）■黃蘆木、日本小檗

## 寶玲尖粉蝶

分布範圍廣泛，從平地到山地都可看見其身影。飛行速度快。■ 30 ～ 36 mm■全年■琉球群島（吐噶喇群島以南）■非洲核果木

## 異色尖粉蝶 `外來種`

從台灣飛來的迷蝶定居在八重山列島，廣泛分布於東南亞。■ 28 ～ 35 mm■全年■八重山列島■樹頭菜

■前翅長　■成蟲活躍的主要時期　■分布　■幼蟲的食物

# 蛺蝶類

蛺蝶科有許多種，包括蛺蝶類、蛇眼蝶類、斑蝶類等族群。除了吸食花蜜、樹液和果實外，也會從動物屍體、糞便等各種食物吸食汁液。

▲蛺蝶科蝴蝶的前足退化，看起來像是有 4 隻腳。

（夏型）

## 黃鉤蛺蝶
常見於河川平原、農田四周與市區等開闊地區。■ 22 ～ 34 mm ■ 5 ～ 11 月 ■ 北海道～九州 ■ 葎草

💬 突尾鉤蛺蝶與白矩朱蛺蝶的翅膀背面分別有「C」與「L」圖樣。

⚥

## 大網蛺蝶 瀕危物種
棲息於溼原。族群數量明顯減少，只分布在限定地區。■ 22 ～ 34 mm ■ 6 ～ 8 月 ■ 本州 ■ 偽泥胡菜

⚥

## 日本蛺蝶 瀕危物種
常見於山區草原。■ 18 ～ 27 mm ■ 6 ～ 8 月 ■ 本州（中部）■ 腹水草

💬 身上的圖案像是一個倒「八」字，十分特別。

## 布網蜘蛺蝶
常見於低山地的森林邊緣和沼澤周邊。■ 20 ～ 25 mm ■ 4 ～ 8 月 ■ 北海道～九州 ■ 小赤麻

♀（春型）　♂（春型）（背面）

♂（夏型）　♀（夏型）（背面）

（秋型）　（秋型）（背面）

## 突尾鉤蛺蝶
主要常見於山區的溪流沿岸，經常在地面吸水。■ 24 ～ 30 mm ■ 6 ～ 9 月 ■ 北海道～九州 ■ 春榆

⚥　⚥

## 白矩朱蛺蝶
主要棲息在高山的樹林與溪流沿岸。■ 28 ～ 36 mm ■ 7 ～ 10 月 ■ 北海道、本州 ■ 春榆

⚥（背面）

⚥

## 黃緣蛺蝶
主要常見於高山的樹林與溪流沿岸，飛行速度緩慢。■ 32 ～ 43 mm ■ 7 ～ 9 月 ■ 北海道、本州 ■ 岳樺

⚥

## 緋蛺蝶
過冬後的成蟲經常在春天飛到山頂。■ 32 ～ 42 mm ■ 5 ～ 8 月 ■ 北海道～九州 ■ 朴樹

♀

## 琉璃蛺蝶
可在日本各地的不同環境看見其蹤影，也廣泛分布在東南亞。■ 25 ～ 44 mm ■ 本州為 6 ～ 11 月 ■ 北海道～琉球群島 ■ 菝葜

♀

## 孔雀蛺蝶
經常可在本州的山區樹林或草原見到其蹤跡。■ 26 ～ 33 mm ■ 6 ～ 9 月 ■ 北海道、本州 ■ 狹葉蕁麻

小常識　蝴蝶的天敵不只是螳螂或蜘蛛，還有會在蝴蝶卵和幼蟲體內產卵，並吃掉宿主的寄生蠅和寄生蜂。

### 蕁麻蛺蝶

常見於亞高山帶以上的樹林與花田。■21～30 mm■6～8月■北海道、本州（中部）■狹葉蕁麻

### 大紅蛺蝶

可在日本各地的不同環境看見其蹤影。■30～35 mm■本州為5～11月■北海道～琉球群島■貼毛苧麻

### 姬紅蛺蝶

全世界分布範圍最廣的蝴蝶之一。■25～33 mm■本州的溫暖地區4～12月■北海道～琉球群島■魁蒿

### 孔雀紋蛺蝶

在田地四周等開闊地區經常可見其身影。■25～36 mm■在九州為5～10月■九州、琉球群島■過江藤

### 枯葉蝶

翅膀背面的圖案看似枯葉，群聚於樹液，是沖繩縣的天然紀念物。■40～50 mm■全年■琉球群島（沖永良部島以南）■琉球蘭嵌馬藍

♀（背面）

### 青眼蛺蝶

棲息在田地周邊或草地等日照充足處，經常張開翅膀停在地面。■28～32 mm■八重山列島為全年■琉球群島■爵床

### 細帶閃蛺蝶

棲息在平地到山區的河邊，有柳樹生長的地方。■30～42 mm■5～10月■北海道～九州■米柳

### 端紫幻蛺蝶

八重山列島幾乎每年夏天到秋天都可看見其身影，不會在此過冬。■35～46 mm■7～10月前後突然大規模出現■八重山列島■落尾木

### 紅斑脈蛺蝶 珍稀種

在日本是奄美大島特有種，但近年來有人在關東地方野放中國種紅斑脈蛺蝶，分布範圍愈來愈廣。■40～53 mm■3～10月■奄美群島；本州的是外來種。■朴屬植物 *Celtis boninensis*

♀

（奄美大島原生種）

♀

### 大紫蛺蝶

日本國蝶。主要棲息於平地到低山地一帶。群聚飛舞在樹旁，吸食樹液。■43～68 mm■6～8月■北海道～九州■朴樹

### 擬斑脈蛺蝶

主要棲息在低地雜樹林，群聚於樹液。■35～50 mm■5～9月■北海道～九州■朴樹

### 雙尾蛺蝶 珍稀種

沖繩縣的天然紀念物。■40～54 mm■3～10月■沖繩島■八重山貓乳

■前翅長　■成蟲活躍的主要時期　■分布　■幼蟲的食物

豹蛺蝶族的翅膀是橘色的，帶有豹紋圖案。

### 佛珍蛺蝶 珍稀種

常見於北海道高山的花田，是日本國家指定的天然紀念物。■ 17 ～ 23 mm■ 6 ～ 8 月■北海道中部高山■牛皮杜鵑

### 小豹蛺蝶

主要常見於山區草原。■21 ～ 31 mm■ 6 ～ 8 月■北海道、本州■地榆

### 伊諾小豹蛺蝶

主要常見於山地溪流邊和森林邊緣。■ 23 ～ 33 mm■ 6 ～ 8 月■北海道、本州■堪察加蚊子草

### 老豹蛺蝶

主要常見於山地樹林邊緣和草原，族群數量在近幾年呈現減少趨勢。■ 28 ～ 37 mm■ 5 ～ 10 月■北海道～九州■紫花菫菜

### 紅老豹蛺蝶

主要常見於山地樹林邊緣和沼澤附近，秋季可在低地發現其蹤跡。■ 30 ～ 43 mm■ 6 ～ 10 月■北海道～九州■紫花菫菜

### 綠豹蛺蝶

主要常見於山地沼澤附近和樹林邊緣。■ 31 ～ 40 mm■ 5 ～ 10 月■北海道～九州■紫花菫菜

### 青豹蛺蝶

主要常見於低山地的樹林邊緣，吸食矮桃等植物的花蜜。■ 30 ～ 40 mm■ 6 ～ 10 月■北海道～九州■紫花菫菜

### 雲豹蛺蝶

比其他大型豹蛺蝶更早活躍，常見於低山地的雜樹林。■ 33 ～ 42 mm■ 5 ～ 10 月■北海道～九州■紫花菫菜

### 燦福蛺蝶

常見於低山地的草原。■ 27 ～ 36 mm■ 5 ～ 10 月■北海道～九州■東北菫菜

### 斐豹蛺蝶

近年逐漸往北蔓延，關東地方連市區可能看見其身影。■ 27 ～ 40 mm■九州以北為 2 ～ 11 月■本州、四國、九州、琉球群島■東北菫菜

部分口器往前延伸，看起來就像天狗的鼻子。

### 銀斑豹蛺蝶

常見於山地的森林邊緣、草原和沼澤附近。■ 28 ～ 35 mm■ 6 ～ 9 月■北海道、本州■紫花菫菜

### 蟾福蛺蝶 瀕危物種

全國數量銳減，只在少數草原可看見其蹤影。■ 30 ～ 40 mm■ 6 ～ 10 月■本州、四國、九州■東北菫菜

### 東方喙蝶

日文名稱為天狗蝶。活躍其間可在林道上看見許多成蟲在吸水。■ 19 ～ 29 mm■本州為 5 ～ 6 月■北海道～琉球群島■朴樹

小常識 除了蛇眼蝶與擬斑脈蛺蝶以外，其他蛺蝶族群的飛行方式相當特別，牠們會以輪流振翼與滑翔方式飛行。

## 白蛺蝶
棲息在低地到山區的落葉闊葉林。■ 24 ～ 36 mm■ 5 ～ 10 月■北海道～九州■忍冬

## 紅線蛺蝶 濒危物種
棲息在亞高山帶的溪谷沿岸和樹林周邊。■ 34 ～ 48 mm ■ 6 ～ 8 月■北海道、本州（亞高山帶）■遼楊

## 日本線蛺蝶
常見於水田周邊與河邊，只棲息於本州。■ 25 ～ 38 mm■ 5 ～ 10 月■本州■忍冬

## 小環蛺蝶
主要常見於平地到低山地的樹林邊緣。■ 20 ～ 30 mm■ 4 ～ 10 月■北海道～琉球群島（屋久島以北）■葛

## 豆環蛺蝶
常見於南方島嶼從平地到山區之間的森林邊緣。■ 22 ～ 34 mm■沖繩島為 3 ～ 12 月■琉球群島（奄美諸島以南）■山葛

## 單環蛺蝶
主要常見於山地森林的邊緣，飛行速度緩慢。■ 20 ～ 28 mm■ 6 ～ 8 月■北海道、本州■繡線菊

圖樣如地圖般複雜。

## 重環蛺蝶
可在低山地的餌樹，例如梅樹附近看見其身影，也會在民宅的庭院繁衍。■ 32 ～ 38 mm■ 6 ～ 8 月■北海道、本州■梅樹

## 槭環蛺蝶
常見於低山地落葉闊葉林附近。■ 30 ～ 38 mm■ 5 ～ 8 月■北海道～九州■色木槭

## 網絲蛺蝶
常見於河川沿岸的樹林邊緣，受到驚嚇時會張開翅膀，停在葉子背面。■ 26 ～ 36 mm■九州以北為 5 ～ 10 月■本州（近畿地方以西）、四國、九州、琉球群島■矮小天仙果

## 黑星環蛺蝶
從市區到山地皆可看見其身影，聚集在餌樹上。■ 23 ～ 34 mm■ 5 ～ 10 月■本州、四國、九州■粉花繡線菊

## 流星蛺蝶
棲息於樹林周邊，飛行速度快。群聚於樹液處。■ 30 ～ 45 mm■九州以北為 5 ～ 8 月■本州、四國、九州、琉球群島■多花泡花樹

**蛇眼蝶**

棲息於平地到山地，陽光充足的地方。■ 28 ～ 42 ㎜■ 7 ～ 8 月■北海道～九州■芒草

♀（背面）

**瞿眼蝶**

常見於從平地到山地的草地、樹林邊緣與河川平原。■ 16 ～ 24 ㎜■溫暖地區為 4 ～ 9 月■北海道～九州、琉球群島（屋久島以北）■芒草

♂（背面）

**莫氏波眼蝶** 瀕危物種

常見於草地與河川地，分布範圍比瞿眼蝶小。■ 18 ～ 25 ㎜■本州為 6 ～ 9 月■本州、四國、九州、琉球群島（屋久島以北）■芒草

♂（背面）

**日本紅眼蝶**

本州常見於高山花田、樹林邊緣的高山蝶。■ 19 ～ 27 ㎜■ 7 ～ 9 月■北海道、本州（亞高山帶以上）■箱根野青茅

♀（背面）

**波翅紅眼蝶**

常見於高山森林邊緣與花田，分布範圍比日本紅眼蝶小。■ 22 ～ 28 ㎜■ 7 ～ 9 月■北海道、本州（亞高山帶以上）■拂子茅

♀（背面）

**濃酒眼蝶** 瀕危物種

屬於高山蝶，棲息於本州高山的岩質地區，和石頭較多的地方。■ 20 ～ 30 ㎜■ 6 ～ 8 月■本州中部的飛驒山脈與八岳■臺草屬岩菅、球穗臺

**淡酒眼蝶** 珍稀種

屬於高山蝶，棲息在北海道高山的岩質地區，和石頭較多的地方。日本國家指定的天然紀念物。■ 23 ～ 30 ㎜■ 6 ～ 8 月■北海道（中部）■臺草屬大雪岩菅

**暗翅鏈眼蝶**

常見於山區河邊平原，和石頭較多的地方。■ 24 ～ 32 ㎜■ 5 ～ 9 月■北海道、本州、四國■箱根野青茅

♀（背面）

**黃環鏈眼蝶**

棲息在山區的樹林周邊。■ 22 ～ 30 ㎜■ 6 ～ 8 月■北海道、本州■大披針臺草

♂（背面）

♂（背面）

**愛珍眼蝶** 瀕危物種

棲息於溼原和草原，分布範圍有限。■ 16 ～ 23 ㎜■ 6 ～ 8 月■本州■大披針臺草

♀　♀（背面）

**英雄珍眼蝶**

常見於北海道的草地。■ 17 ～ 21 ㎜■ 6 ～ 7 月■北海道■大披針臺草

♀

**長紋黛眼蝶**

屬於棲息在溫暖地區的蛇眼蝶屬族群，也廣泛分布於東南亞。主要常見於竹林。■ 32 ～ 38 ㎜■全年■八重山列島■琉球矢竹

♀（背面）

♂

**寧眼蝶**

主要常見於山區溼地和陽光充足的森林。■ 35 ～ 46 ㎜■ 6 ～ 8 月■北海道、本州■皺果臺草

小常識　濃酒眼蝶這類棲息在高山的蝴蝶，可以養育幼蟲的溫暖季節很短，因此需要 2 年以上才能長至成蟲。

**劍黛眼蝶**

常見於雜樹林和山區樹林，只棲息在日本。■ 25 ～ 34 mm■本州低地為 5 ～ 9 月■本州、四國、九州■川竹

**擬黃斑眼蝶** 珍稀種

常見於平地到山地的森林邊緣，分布範圍有限。■ 26 ～ 36 mm■ 6 ～ 8 月■北海道～九州■芒草

**月神黛眼蝶**

常見於低地到山區的樹林周邊。■ 23 ～ 33 mm■溫暖地區為 5 ～ 9 月■北海道～九州■青苦竹

**邊紋黛眼蝶** 瀕危物種

棲息於雜木林，每到傍晚就出來活動。分布範圍很小，數量也少。■ 29 ～ 36 mm■ 6 ～ 9 月■本州、四國、九州■柔枝莠竹

**姬黃斑黛眼蝶**

常見於山區華箬竹林。■ 23 ～ 34 mm■ 5 ～ 9 月■北海道～九州■都笹

**金色蔭眼蝶**

棲息於山區樹林，群聚於樹液和野獸糞便。■ 27 ～ 38 mm■ 5 ～ 9 月■北海道～九州、屋久島■日本矮竹

**鄉村蔭眼蝶**

常見於雜樹林，過去以為其與金色蔭眼蝶是同一種蝴蝶。■ 26 ～ 39 mm■ 5 ～ 8 月■北海道～九州■川竹

**稻眉眼蝶**

常見於田地四周，奄美諸島以南；還有外型近似的別種蝴蝶「淺稻眉眼蝶」。■ 18 ～ 31 mm■ 5 ～ 10 月■北海道～琉球群島（屋久島以北）■芒草

**眉眼蝶**

常見於雜樹林，比稻眉眼蝶更喜歡待在陰暗處。■ 20 ～ 30 mm■本州的溫暖地區 5 ～ 9 月■本州、四國、九州■柔枝莠竹

**森林暮眼蝶**

棲息在樹林周邊，近幾年分布範圍往北移，關東地方亦可看見其蹤跡。■ 32 ～ 45 mm■本州中部為 6 ～ 10 月■本州（關東地方以西）、四國、九州、琉球群島（屋久島以北）■蕙苡

### 樺斑蝶

棲息在田地和民宅周邊，陽光充足的地方。
■ 30 ～ 40 mm ■八重山列島為全年■九州（南部）、琉球群島■馬利筋

### 虎斑蝶 （黑脈樺斑蝶）

從低地的樹林邊緣到山區，可在各種環境發現其蹤跡。
■ 35 ～ 45 mm ■八重山列島為全年■宮古列島、八重山列島 ■白前屬 *Cynanchum liukiuense*

### 旖斑蝶

常見於南方島嶼低地的森林邊緣。■ 40 ～ 50 mm ■全年■琉球群島（吐噶喇群島以南）■娃兒藤屬 *Tylophora tanakae*

▶集體過冬的旖斑蝶。

### 異紋紫斑蝶

近年可在琉球群島發現其蹤跡。
■ 42 ～ 50 mm ■全年■琉球群島（沖繩群島以南）■細葉榕

### 大白斑蝶

在民宅周邊和樹林邊緣翩翩飛舞。■ 60 ～ 75 mm
■全年■琉球群島（奄美群島以南）■爬森藤

### 大絹斑蝶

■ 43 ～ 65 mm ■本州溫暖地區為 4 ～ 10 月。部分大絹斑蝶往北遷移至本州東北地方和中部地方的山區，在當地生長的部分大絹斑蝶，一到秋天就南下。■北海道～琉球群島■假防己

#### 專欄 大絹斑蝶的長距離移動

科學家在大絹斑蝶的翅膀做記號，放開牠們後又在其他地方捕捉牠們。以此方式進行調查，結果發現牠們遷徙了 2000km 以上。每年春天牠們從台灣或琉球群島往北飛行，到本州的中部地方完成世代交替。到了秋天再次往南飛。

# 灰蝶類

灰蝶類全是體型較小的蝴蝶。灰蝶幼蟲通常吃植物，不過也有吃蚜蟲的肉食性種類。此外，有些幼蟲會從體內分泌螞蟻喜歡的蜜露，吸引螞蟻接近，避免遭受天敵攻擊。

♂（背面）

### 銀灰蝶

翅膀背面閃著明亮的銀色，飛行時十分有力。■ 19 ～ 27 mm■本州、四國、九州、琉球群島■葛

### 紫燕蝶

近年分布範圍擴大，關東地方也能看見其蹤影。■ 20 ～ 25 mm■本州（關東地方以西）、四國、九州、琉球群島■日本石柯

灰蝶族群有許多翅膀正反面的顏色與圖案差異甚大的種類。

♂（背面）

### 蚜灰蝶

常見於華箸竹林，幼蟲為純肉食性。■ 10 ～ 17 mm■北海道～九州■蚜蟲

♂

### 日本紫灰蝶

常見於照葉林。■ 14 ～ 22 mm■本州、四國、九州、琉球群島■青剛櫟

♂

### 紫帶灰蝶 〔瀕危物種〕

分布範圍有限，可在照葉林的沼澤周邊發現其身影。■ 13 ～ 17 mm■本州、四國、九州、屋久島■赤皮

♀（背面）

### 斑精灰蝶

可在沼澤周邊和樹林邊緣發現其身影。■ 17 ～ 25 mm■北海道～九州■水蠟樹

### 詩灰蝶 〔珍稀種〕

棲息於雜木林，幼蟲四周經常有螞蟻出現。■ 17 ～ 23 mm■北海道、本州■枹櫟之類的植物與蚜蟲

♀（背面）

### 斯赭灰蝶

常見於低山地和山區，一到傍晚就會出來活動。只棲息在日本。■ 14 ～ 22 mm■北海道～九州■光臘樹

♀（背面）

### 黑帶華灰蝶

棲息於低山地，主要於傍晚活動。■ 14 ～ 21 mm■北海道、本州、九州（中部）■枹櫟

♂　♀（背面）

### 黃灰蝶

主要棲息於平地和低山地的落葉闊葉林，昆蟲學家發現另一種極為相似的蝴蝶。■ 16 ～ 22 mm■北海道～九州■枹櫟

♀（背面）

### 折線灰蝶

常見於落葉闊葉林，早上和傍晚十分活躍。■ 11 ～ 19 mm■北海道～九州■枹櫟

♀（背面）

### 巴青灰蝶

常見於山區。■ 12 ～ 18 mm■北海道、本州、九州（鹿兒島縣栗野岳）■水楢

珠灰蝶

主要常見於山區，於傍晚活動。■ 16 ～ 19 mm■北海道（南部）～九州■日本縷梅

♀（背面）

### 癩灰蝶

主要常見於低山地的核桃楸邊，到了傍晚就會出來活動。■ 13 ～ 19 mm■北海道～九州■核桃楸

♂（背面）

### 柵黃灰蝶

主要棲息於平地到低山地落葉闊葉林，到了傍晚就會出來活動。■ 16 ～ 23 mm■北海道、本州、四國■麻櫟

♂　♀

♂（背面）

### 日本檮翠灰蝶

常見於溼地和沼澤周邊，雌蝶的斑紋有 4 種圖樣。■ 16 ～ 23 mm■北海道～九州■日本檮木

　■前翅長　■分布　■幼蟲的食物

**金灰蝶**
主要常見於山區，中午前後與傍晚的活動力最強。■ 18 ～ 24 mm■北海道～九州■日本山櫻

**耀金灰蝶**
常見於山區的落葉闊葉林，早上的活動力最強。■ 15 ～ 23 mm■北海道～九州■水櫟

**蓬萊綠小灰蝶**
主要常見於西日本長綠闊葉林，背面圖樣十分特別。■ 18 ～ 24 mm■本州、四國、九州、屋久島■日本常綠橡樹

♀（背面）

**薩豔灰蝶**
常見於槲樹和槲櫟林，主要於傍晚活動。■ 14 ～ 20 mm■北海道～九州■槲樹

**烏豔灰蝶** [珍稀種]
棲息於麻櫟和栓皮櫟雜樹林，早上與傍晚活動力強。■ 19 ～ 22 mm■本州、九州■麻櫟

**東方豔灰蝶**
廣泛分布於平地到山區的落葉闊葉林，主要於上午期間活動。■ 17 ～ 23 mm■北海道～九州■麻櫟

♀（背面）

**翠豔灰蝶**
主要棲息於山區的落葉闊葉林，早上到中午這段期間的活動力較強。■ 14 ～ 22 mm■北海道、本州■水櫟

**函海豔灰蝶**
主要棲息於山區的落葉闊葉林，下午才出來活動。■ 15 ～ 22 mm■北海道～九州■水櫟

**富士柴谷灰蝶**
棲息在山毛櫸和日本水青岡林。■ 14 ～ 19 mm■北海道～九州■山毛櫸、日本水青岡

♀（背面）

**燕灰蝶**
早春時期可在低地到山區的樹林邊緣發現其蹤跡，飛行速度較快。■ 11 ～ 16 mm■北海道～九州■馬醉木

**白毛小灰蝶**
常見於低山地到山區的森林邊緣。■ 15 ～ 19 mm■北海道～九州■春榆

**美拉灰蝶**
主要棲息在山區裡稀稀落落的樹林。■ 14 ～ 21 mm■北海道（南部）～九州■鼠李類植物

♀（背面）

♂（背面）

背面的老虎斑紋圖案是其特色所在。

瑪氏舉腹蟻會親口餵食塔銀線灰蝶幼蟲，補充動物性食物。

**塔銀線灰蝶** [珍稀種]
可在瑪氏舉腹蟻棲息的毛泡桐、桑樹和櫻花樹等老樹，發現塔銀線灰蝶。■ 12 ～ 18 mm■本州

（春型）♂（背面）　　（夏型）♀

**寬帶燕灰蝶**
常見於低地到山地的森林邊緣。■ 15 ～ 21 mm■北海道～九州■齒葉溲疏

（夏型）♀

**紅灰蝶**
常見於農田四周、河川地等陽光充足的地方。■ 13 ～ 19 mm■北海道～九州■酸模

 **小常識** 日本橙翠灰蝶的近緣種活動時段各異，即使棲息在同一個空間裡，也能巧妙分配不同時段。

幼蟲剛開始會舐蚜蟲的分泌物，最後由大黑蟻親口餵食。

### 黑灰蝶 瀕危物種

幼蟲在大黑蟻的巢中長大。■ 17 ～ 23 mm■本州、四國、九州

### 燕藍灰蝶

常見於市區草地、河川地等明亮場所。■ 9 ～ 19 mm■北海道～琉球群島（屋久島以北）■馬棘

### 小笠原琉璃灰蝶 瀕危物種

只棲息在小笠原群島的日本國天然紀念物。最近受到外來種蜥蜴、變色蜥影響，數量大幅減少。■ 13 ～ 18 mm■小笠原諸島■大葉島紫

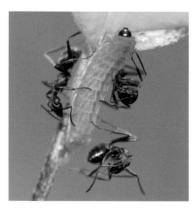

▲深山小灰蝶的幼蟲會分泌螞蟻喜歡的蜜露，讓牠們保護自己的安全。

### 豆波灰蝶

可在田地周邊和公園等開闊的地方看見其蹤影。■ 13 ～ 19 mm■本州、四國、九州、琉球群島■扁豆

### 琉灰蝶

常見於市區、山區草地、森林邊緣等各種環境。■ 12 ～ 19 mm■北海道～琉球群島（吐噶喇群島以北）■多花紫藤

### 東方珠灰蝶 瀕危物種

常見於低山地到高山草地，分布範圍有限。■ 14 ～ 20 mm■北海道、本州■歪頭菜

幼蟲剛開始吃彩葉草，最後吃科氏紅蟻。

### 大斑霾灰蝶 珍稀種

主要常見於深山的沼澤邊，分布範圍相當有限。■ 17 ～ 25 mm■北海道、本州

### 深山小灰蝶 瀕危物種

常見於山地草原與河川地。近年來數量有愈來愈少的現象。■ 12 ～ 17 mm■本州■馬棘

### 藍灰蝶

常見於市區、路邊和農田四周等明亮場所。■ 9 ～ 16 mm■本州、四國、九州、琉球群島■酢漿草

### 蘇琉灰蝶

春天常見於山區沼澤邊。■ 11 ～ 17 mm■北海道～九州■日本七葉樹

### 銀點灰蝶

棲息在溼地和草地，有時會看到一大群。■ 11 ～ 17 mm■北海道、本州（本州近年沒有發現紀錄）■魁蒿

### 胡麻霾灰蝶 瀕危物種

任何地方生長著胡麻霾灰蝶愛吃的草，例如火山附近的草原與農田周邊，都可看見其身影。■ 14 ～ 28 mm■北海道、本州、九州

幼蟲剛開始吃地榆，後來被搬到科氏紅蟻的巢穴，吃螞蟻幼蟲。

# 弄蝶類

弄蝶族群都是小型蝴蝶，相較於翅膀大小，身體顯得較粗，但飛行速度很快，而且四處飛舞。大多數幼蟲會捲起樹葉做巢，並在裡面生活。

弄蝶族群的顏色通常很低調，例如土黃色或褐色等。

### 玉帶弄蝶
常見於市區附近的樹林邊緣，張開翅膀停在樹上。■ 15 〜 21 ㎜■北海道（南部）〜九州■日本薯蕷

### 深山珠弄蝶
繁殖於早春，常見於雜木林。可看見其張開翅膀停在地面的情景。■ 14 〜 22 ㎜■北海道〜九州■枹櫟、麻櫟

### 花弄蝶 瀕危物種
棲息在開闊草原，在地表附近快速飛行■ 11 〜 16 ㎜■北海道（東部）、本州、四國■莓葉委陵菜

日本體型最大的弄蝶。

### 靛弄蝶
棲息在樹林周圍，早上和傍晚會迅速飛動。■ 23 〜 31 ㎜■本州、四國、九州、琉球群島■清風藤

♂（背面）

### 雙色舟弄蝶
棲息於河川平原和草原，飛行速度較慢。■ 13 〜 21 ㎜■北海道〜九州■芒草

### 袖弄蝶
常見於低地樹林。口器很長，飛行速度快。■ 17 〜 24 ㎜■本州、九州、琉球群島■蘘荷

♀ ♀（背面）

### 白斑弄蝶
常見於樹林邊緣，飛行速度緩慢。■ 16 〜 21 ㎜■本州、四國、九州■芒草

### 雕形傘弄蝶
常見於溪谷沿岸的林道，雄蝶會在地面吸水，聚集在動物糞便上。■ 20 〜 26 ㎜■北海道〜九州■刺楤

♀（背面）

### 黃條褐弄蝶
常見於山區華箬竹林的邊緣，群聚於動物糞便。■ 13 〜 19 ㎜■北海道〜九州■掌葉笹竹

♂

### 豹弄蝶
常見於山地草原。■ 14 〜 18 ㎜■北海道〜九州■膜緣披鹼草

♂

### 黑豹弄蝶
常見於山區的明亮草原。■ 11 〜 17 ㎜■北海道〜九州■箱根野青茅

♂ ♀

### 小赭弄蝶
常見於山區草原和溼原。■ 15 〜 20 ㎜■北海道、本州■芒草

♂

### 熱帶紅弄蝶
在森林邊緣經常可見其吸食白花鬼針草的花蜜。■ 15 〜 19 ㎜■八重山列島■芒草

### 黃斑弄蝶
除了草原和森林邊緣外，也能在市區看見其身影。■ 12 〜 17 ㎜■北海道〜琉球群島（吐噶喇群島以北）■芒草

♀

### 透紋孔弄蝶
主要常見於山區森林的邊緣。■ 16 〜 22 ㎜■北海道〜九州■青苦竹

♀

### 隱紋谷弄蝶
棲息在河邊平原、農田等開闊地方。■ 13 〜 21 ㎜■本州、四國、九州、琉球群島■芒草

♂ ♀（背面）

### 山地穀弄蝶
常見於河邊平原與草原。■ 16 〜 22 ㎜■本州、四國、九州■芒草

♂

### 稻弄蝶
稻子的害蟲。群體行動的生活習性最為人所熟知。■ 15 〜 21 ㎜■本州、四國、九州、琉球群島■稻子

# 蛾類

蛾與蝴蝶一樣，同屬於鱗翅目昆蟲。不過，蛾的種類遠比蝴蝶多，鱗翅目中超過九成皆為蛾的近緣種。光日本就有超過 6000 種，大多數的蛾為夜行性，視覺不發達，而且具有趨光性，經常可見一大群蛾聚集在燈光下。

## 美麗的蛾

一般人都認為蛾的翅膀並不搶眼，事實上，有些晝行性的蛾擁有色彩繽紛的翅膀。此外，即使是夜行性的蛾，有些種類也擁有鮮豔色調和圖樣。搶眼的翅膀可以威嚇敵人，讓對手知道「自己是有毒的」。

▼吸食樹液的苧麻夜蛾。

▼在空中靜止並吸食花蜜的小豆長喙天蛾。

## 蛾也會吸食花蜜

蛾與蝴蝶一樣都是用類似吸管的口器吸食花蜜與樹液，不同種類的幼蟲除了吃植物葉子、莖部與果實之外，也會吃木材、枯葉和其他昆蟲，吃各種食物長大。此外，成蟲口器退化，有些種類完全不吃任何食物。

## 你在哪裡？

有些種類的蛾會擬態成樹木、枯葉等植物。幼蟲也會擬態。尺蛾科的幼蟲尺蠖長得與樹枝一模一樣。

▲繽夜蛾幼蟲擬態成生長在樹上的地衣類植物。

▲沒有翅膀的雌性金黃冬尺蛾。

## 這也是蛾

　　蛾有非常多種類，其中不乏擁有獨特外觀和特質的種類。包括沒有翅膀、不會飛的雌性冬尺蛾，還有飛行方式與蜜蜂相近的透翅蛾類等，乍看之下看不出來是蛾的種類。

▶雌蛾的尾端釋放出費洛蒙吸引雄蛾。

## 透過味道尋找雌蛾

　　雄蛾會透過味道尋找雌蛾。雌蛾散發出費洛蒙的味道，雄蛾利用觸角捕捉味道，飛到雌蛾身邊交配。

▲皇蛾擁有鮮豔的翅膀，前翅長度達140mm，是日本最大的蛾。

▲日本天蠶蛾交配。

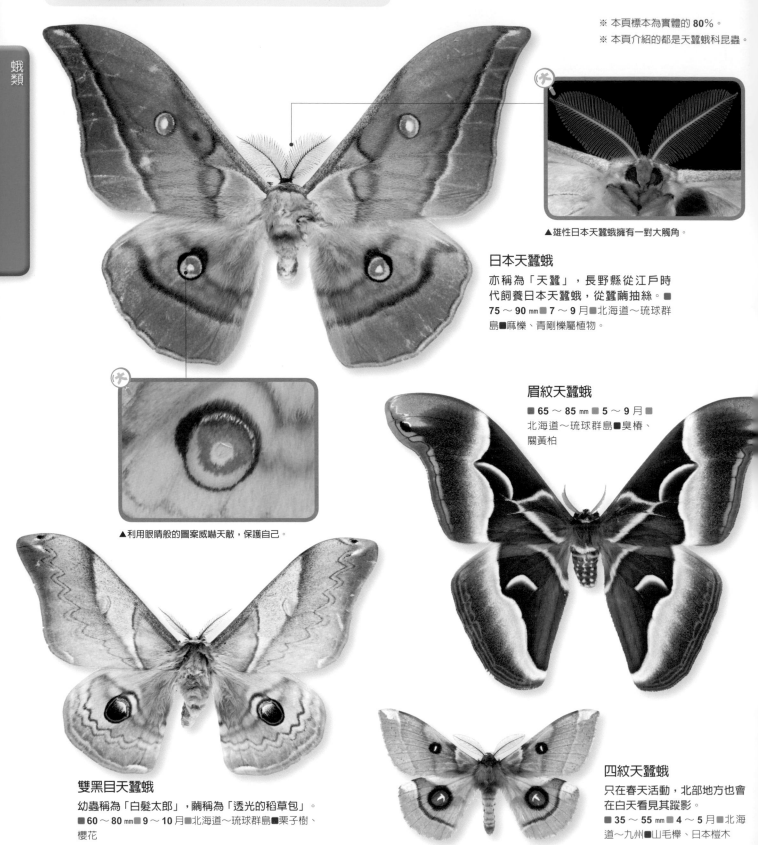

# 天蠶蛾類

天蠶蛾科皆屬於大型蛾，擁有 2 對大翅膀。為夜行性，經常聚集於燈光下。成蟲的口器退化，因此成蟲不吃任何食物。

※ 本頁標本為實體的 80%。
※ 本頁介紹的都是天蠶蛾科昆蟲。

▲雄性日本天蠶蛾擁有一對大觸角。

### 日本天蠶蛾

亦稱為「天蠶」，長野縣從江戶時代飼養日本天蠶蛾，從蠶繭抽絲。■75 〜 90 ㎜■7 〜 9 月■北海道〜琉球群島■麻櫟、青剛櫟屬植物。

### 眉紋天蠶蛾

■ 65 〜 85 ㎜ ■ 5 〜 9 月 ■北海道〜琉球群島■臭椿、關黃柏

▲利用眼睛般的圖案威嚇天敵，保護自己。

### 雙黑目天蠶蛾

幼蟲稱為「白髮太郎」，繭稱為「透光的稻草包」。■60 〜 80 ㎜■9 〜 10 月■北海道〜琉球群島■栗子樹、櫻花

### 四紋天蠶蛾

只在春天活動，北部地方也會在白天看見其蹤影。■ 35 〜 55 ㎜ ■ 4 〜 5 月■北海道〜九州■山毛櫸、日本欓木

**透目大蠶蛾**
黃綠色的繭外型獨特，又稱為「山稻草袋」。■45～60 ㎜■10～11 月■北海道～九州■麻櫟、大葉羽團扇葉楓

**大黃豹天蠶蛾** [珍稀種]
5 月和 9 月可看到許多成蟲，幾乎看不見雌蛾。■40～50 ㎜■3～10 月■奄美大島、德之島、沖繩島■腺齒獼猴桃

**大長尾水青蛾**
外型和日本月蛾極為相似，分辨時請特別注意。■50～80 ㎜■4～8 月■北海道～九州■枹櫟、櫻花

**綠目天蠶蛾**
■40～60 ㎜■10～11 月■北海道～九州■櫻花、萊莢

---

**專欄 從蛾繭取絲**

　　鱗翅目昆蟲最重要的特色之一，就是幼蟲會吐絲。幼蟲從嘴裡吐絲，用來結繭、固定繭、做巢、當成救命索使用，用途相當廣泛。蛾類的絲十分輕盈強韌，自古就是人類使用的珍貴物資。從家蠶取出的絲是最常見的例子，事實上日本長尾水青蛾和皇蛾的繭也可以取絲。

▲日本天蠶蛾的繭。

▲日本天蠶蛾的繭。

▲日本天蠶蛾的繭。

---

 **Q:** 世界最大的蛾是哪一種？　　**A:** 棲息於菲律賓的小窗蛇頭蛾，無論是翅膀長度或面積皆為世界第一。

# 天蛾類

天蛾科的胸部和腹部厚實，體型圓潤。有些吸食花蜜的種類，口器較長。不只能迅速地四處飛舞，還能在空中靜止，吸食花蜜。

※ 本頁標本為實體的 80%。
※ 本頁介紹的都是天蛾科昆蟲。

▼天蛾科昆蟲的長口器。

**白薯天蛾**
吸管狀的口器很長。■ 38 ～ 48
㎜■ 5 ～ 11 月■北海道～琉球群島
■番薯

**鬼臉天蛾 （鬼面天蛾）**
廣泛分布於日本各地，在各種環境
皆可發現其幼蟲與成蟲。■ 45 ～
58 ㎜■ 7 ～ 11 月■本州、四國、九州、
琉球群島■茄子、番茄、刺桐

**夾竹桃天蛾**
本州與九州的夾竹桃天蛾屬於偶產蛾，是從其
他地方飛來的蛾，在此地短暫地繁衍後代。■
40 ～ 47 ㎜■ 5 ～ 12 月■本州、九州、琉球群島■
夾竹桃、長春花

**黃斑長喙天蛾**
可像蜂鳥一樣在空中靜
止，吸食花蜜。■ 23 ～ 28
㎜■ 7 ～ 11 月（琉球群島為
全年）■北海道～琉球群島
■雞屎藤

**鋸翅天蛾**
鋸翅天蛾的一種。■ 55 ～ 70 ㎜■ 3 ～ 4
月■本州（長野縣、靜岡縣以西）、四國、
九州■櫻花、梅花

特色是沒有鱗片，
翅膀為透明的。

**紅天蛾**
可在麻櫟樹上發現
成蟲的蹤影，在
空中靜止並吸食樹
液。■ 22 ～ 32 ㎜■
4 ～ 9 月■北海道～
九州■鳳仙花

**雙線條紋天蛾**
幼蟲的身體特徵是黑底加上黃
色條紋和眼睛般的圖案，成蟲
會在傍晚出現，吸食花蜜。■
26 ～ 36 ㎜■ 6 ～ 10 月（琉球群
島為全年）■北海道～琉球群島■
芋頭、蛇葡萄

**咖啡透翅天蛾**
羽化後的翅膀為奶油色，翅膀變硬後鱗片
就會脫落，變成透明的。■ 23 ～ 30 ㎜■ 6 ～
9 月（琉球群島為全年）■本州、四國、九州、
琉球群島■無花果

■前翅長　■成蟲活躍的主要時期　■分布　■幼蟲的食物

# 夜蛾類

夜蛾類數量龐大，光是日本就有 1200 種。體型大小、翅膀形狀與翅面圖案也各有不同，大多為夜行性，其中也包括畫行性昆蟲。

※ 本頁標本為實體的 60%。
※ 本頁介紹的都是夜蛾科昆蟲。

**小地老虎（地蠶、切根蟲）**
田地常見的農作物害蟲。■ 20 ～ 25 mm■6 ～ 10 月（琉球群島為 3 ～ 11 月）■本州、四國、九州、琉球群島■高麗菜

**山夜蛾** 珍稀種
棲息於山地，只在初春的短暫期間出現。■ 19 ～ 20 mm■3 ～ 5 月■北海道、本州■日本銀冷杉（未在野外發現幼蟲）

**紫黑翅夜蛾**
盛夏季節群聚在樹皮下方休息。■ 19 ～ 22 mm■7 ～ 12 月■北海道～九州■蒲公英

**水仙夜蛾**
從中國大陸飛來的「偶產蛾」，經常大規模在行道樹上繁殖。■ 35 ～ 44 mm■7 ～ 11 月■北海道～琉球群島■臭椿

**虎紋夜蛾**
幼蟲集體在樹皮下方築巢過冬。■ 15 ～ 21 mm■6 ～ 7 月■本州、四國、九州■麻櫟

**鴟裳夜蛾**
棲息在雜樹林，聚集在樹液處。■ 26 ～ 36 mm■7 ～ 8 月■本州、四國、九州■枹櫟、多花紫藤

**龜紋虎蛾**
在白天飛行，聚集在花朵上吸花蜜。■ 30 ～ 33 mm■4 ～ 5 月■北海道、本州、九州■菝葜、牛尾菜

**縞裳夜蛾**
主要棲息於山地，晚上會聚集在燈光下。■ 45 ～ 55 mm■8 ～ 10 月■北海道、本州、四國■歐洲山楊

**柳裳夜蛾**
■ 35 ～ 42 mm■7 ～ 9 月■北海道～九州■杞柳

**黃斑夜蛾** 珍稀種
■ 57 ～ 65 mm■7 ～ 8 月■九州、琉球群島

**後雪裳蛾**
■ 43 ～ 50 mm■7 ～ 10 月■北海道～九州■上溝櫻

**枯葉裳蛾**
以口器伸入成熟的桃子等果實，吸食果汁。■ 48 ～ 55 mm■5 ～ 10 月■北海道～琉球群島■五葉木通

顧名思義，枯葉裳蛾的前翅長得很像枯葉。

**魔目裳蛾**
在東北地方極難看到，在北海道則是「偶產蛾」。■ 50 ～ 56 mm■4 ～ 9 月（琉球群島為全年）■北海道～琉球群島■菝葜

# 尺蛾類

尺蛾類的特徵是身體較細，翅膀面積較廣，通常翅膀圖案很像自己棲息的樹木或葉子。由於幼蟲的爬行姿態極似人類以手指丈量尺寸，因此稱為「尺蠖蛾」。

▲尺蛾幼蟲「尺蠖」（蜻蜓尺蛾）。

### 鉤翅青尺蛾
活的時候帶著美麗的綠色，死後變成黃色。■尺蛾科■30～45 mm■5～10月■本州、四國、九州、琉球群島■枹櫟、青剛櫟屬植物

### 白頂突峰尺蛾
大量繁殖，有時會將山裡的樹葉全部吃光。■尺蛾科■26～45 mm■3～4月（琉球群島為12月～隔年2月）■北海道～琉球群島■麻櫟、櫸樹

### 蜻蜓尺蛾
成功在白天飛行。■尺蛾科■25～30 mm■6月■北海道～九州■南蛇藤

### 樹形尺蛾
■尺蛾科■35～42 mm■4～6月■北海道～九州

**170%**　**170%** ♀

冬尺蛾的雌蟲翅膀已退化，無法飛行。

### 桑褐翅尺蛾
冬季出現的成蟲口器已退化，不吃任何食物。■尺蛾科■15～19 mm（雌蟲沒有翅膀）■12月～隔年2月■北海道～九州■枹櫟、櫻花 ♂

※ 本頁標本為實體的60%。

### 雲斑枝尺蠖蛾
常見於市區。■尺蛾科■16～28 mm■5～10月（琉球群島為11月～隔年3月）■北海道～琉球群島■冬青衛矛

### 斑翅尺蛾
棲息於山區，晚上大多會聚集在燈光下。■尺蛾科■23～30 mm■6～9月■北海道～九州■馬醉木

### 大窗鉤蛾
成蟲靜止時會放下前翅，後翅反轉，形成獨特姿態。■鉤蛾科■22～32 mm■5～8月（琉球群島為全年）■本州、四國、九州、琉球群島■青剛櫟、麻櫟

### 錨紋尺蛾
靜止時立起翅膀的姿態常被誤認為蝴蝶。■錨紋蛾科■16～20 mm■4～5月、7～8月■北海道～九州■棕鱗耳蕨

### 松村氏淺翅鳳蛾
外型極似麝鳳蝶。屬於晝行性，但活躍於傍晚到晚上。■鳳蛾科■30～37 mm■6～9月■北海道～九州■燈台樹

### 橙帶藍尺蛾
可在庭院樹木大規模繁殖。■尺蛾科■27～33 mm■3～11月■九州、琉球群島■羅漢松

### 波紋尺蛾
■尺蛾科■38～45 mm■8～10月■北海道～九州■烏樟

### 交讓木鉤蛾
靜止時放下前翅的姿態看似枯葉。■鉤蛾科■20～25 mm■5～10月■本州、四國、九州、琉球群島■交讓木

### 雲紋尖蛾
幼蟲停在葉子上時呈「J」字型。■鉤蛾科■17～20 mm■5～10月■北海道～琉球群島■交讓木

# 燈蛾、毒蛾類

大多數燈蛾擁有色彩鮮豔的翅膀，有許多晝行性族群。毒蛾幼蟲蛹具有毒毛，成蟲身體也長著幼蟲的毒毛。

### 豹斑赤燈蛾
在本州，棲息於山地。■燈蛾科■ 30 ～ 43 mm ■ 8 ～ 9 月■北海道、本州■魁蒿、羊蹄

### 黃腹麻紋燈蛾
靜止時翅膀會緊閉，外型與腹部為紅色的紅星雪燈蛾極為相似，很難分辨。■燈蛾科■ 17 ～ 25 mm ■ 4 ～ 9 月■北海道～九州■桑樹、櫻花

### 虎斑燈蛾
棲息於本州的東北地方和中部地方的山區。■燈蛾科■ 37 ～ 43 mm ■ 7 ～ 8 月■北海道、本州■柳樹類、蒲公英

珍稀種
### 豹斑黃燈蛾
分布範圍有限，成蟲白天會在草地迅速飛行。■燈蛾科■ 15 ～ 20 mm ■ 6 月■北海道（包含利尻島）■車前草（未在野外發現幼蟲）

### 大麗燈蛾
成蟲主要在白天飛行。■燈蛾科■ 36 ～ 45 mm ■ 5 ～ 9 月■對馬■梅花、虎杖

### 筋紋燈蛾
■燈蛾科■ 20 ～ 25 mm ■ 4 ～ 9 月■北海道～琉球群島■桑樹、冬青衛矛

### 白雪燈蛾
幼蟲全身長著黑色長毛，動作敏捷，稱為「熊毛蟲」。■燈蛾科■ 28 ～ 37 mm ■ 8 ～ 9 月■北海道～九州■高麗菜、蒲公英

### 舞蛾
雄蛾和雌蛾的身形大小與翅膀模樣不同。■毒蛾科■♂ 25 ～ 28 mm ♀ 35 ～ 47 mm ■ 7 ～ 8 月■北海道～九州■麻櫟、櫻花

### 紅緣燈蛾 珍稀種
棲息在草地的蛾，有時也會在蔥田繁衍。■燈蛾科■ 28 ～ 34 mm ■ 5 ～ 8 月■本州、四國、九州■蔥

### 粉蝶燈蛾
成蟲在白天飛行。■燈蛾科■ 24 ～ 28 mm ■琉球群島為全年■本州、四國、九州、琉球群島■一年蓬、紅鳳菜

### 紋白毒蛾
雄蛾和雌蛾的身形大小與翅膀模樣不同。■毒蛾科■♂ 25 ～ 35 mm ♀ 35 ～ 42 mm ■ 5 ～ 7 月■本州、四國、九州、琉球群島■野漆、杜英

### 枯葉帶蛾
幼蟲是帶著長毛和短毛束的毛毛蟲。■帶蛾科■ 22 ～ 32 mm ■ 6 ～ 9 月■北海道～九州■海仙花

### 榕透翅毒蛾
雌蛾全身皆為奶油色，與雄蛾的外型截然不同。■毒蛾科■♂ 17 ～ 20 mm ♀ 24 ～ 30 mm ■ 2 ～ 12 月■琉球群島■細葉榕

### 茶毒蛾
不只是幼蟲，雌性成蟲的身上也長著毒毛。■毒蛾科■ 10 ～ 20 mm ■ 7 ～ 10 月■本州、四國、九州■山茶花、茶

### 雙黃環鹿子蛾
白天在草地飛舞。■燈蛾科■ 15 ～ 18 mm ■ 6 ～ 8 月■北海道～九州■蒲公英

### 黃毒蛾
黃色的翅膀與身體代表有毒。■毒蛾科■♂ 15 ～ 18 mm ♀ 22 ～ 25 mm ■ 6 ～ 8 月■北海道～九州■櫻花、柿子

### 專欄 有毒的毒蛾科幼蟲
顧名思義，毒蛾類都有毒。若碰觸顏色鮮豔的黃色與紅色幼蟲（毛毛蟲），毒毛就會刺進手指，導致紅腫。

小常識 在歐美人的眼中，尺蠖的動作就像在畫圈圈，因此又稱為「looper」（意指做圈環的人）。

# 舟蛾、蠶蛾類

在日本，舟蛾科漢字為「鯱鉾蛾」，由於幼蟲的外型長得像鯱鉾（螭吻）而得名。舟蛾科成蟲的翅膀顏色和模樣依種類而異。蠶蛾科昆蟲的成蟲口器退化，完全不進食。

▲擬態為枯葉的雙色美舟蛾。

▲外型極似鯱鉾的舟蛾幼蟲。

※ 本頁標本為實體的 70%。

### 蟻舟蛾

外物靠近幼蟲時，幼蟲會張開翅膀、抖動身體，藉此威嚇對方。■舟蛾科■24 ～ 34 mm■4 ～ 9 月■北海道～九州■櫸樹、枹櫟

### 雙色美舟蛾

靜止時捲起翅膀的模樣很像枯葉或枯枝。■舟蛾科■28 ～ 30 mm■4 ～ 9 月■北海道～九州■核桃楸

### 側帶內斑舟蛾

■舟蛾科■26 ～ 32 mm■6 ～ 8 月■北海道～九州■水楢

### 窄掌舟蛾

翅膀呈圓筒狀，十分特別。■舟蛾科■27 ～ 34 mm■7 ～ 8 月■本州、四國、九州■糙葉樹

### 後齒舟蛾

■舟蛾科■23 ～ 28 mm■5 ～ 9 月■北海道～九州■刺楸

### 黑帶雙尾舟蛾

■舟蛾科■28 ～ 34 mm■5 ～ 7 月■北海道、本州■柳樹類、遼楊

### 日本枯球籮紋蛾

成蟲只在初春出現，活動期間很短。■籮紋蛾科■46 ～ 50 mm■3 ～ 4 月■北海道～九州■水蠟樹

### 遠東褐枯葉蛾

雄蛾和雌蛾的身形大小與翅膀形狀不同，靜止時捲起翅膀的模樣很像枯葉。■枯葉蛾科■25 ～ 45 mm■6 ～ 9 月■本州、四國、九州■櫻花、梅花

♂

▼沒有口器的家蠶。

### 家蠶

人類從 3000 多年前開始飼養，從蠶繭取絲。翅膀飛翔肌肉已退化，幾乎不會飛。■蠶蛾科■16 ～ 23 mm■5 ～ 11 月（琉球群島為全年）■北海道～琉球群島■桑樹

### 馬尾松枯葉蛾

雄蛾和雌蛾的身形大小與翅膀形狀不同，幼蟲的身體局部長著毒毛。■枯葉蛾科■25 ～ 45 mm■6 ～ 10 月■北海道～琉球群島■赤松

♀

### 端褐蠶蛾

昆蟲學家認為是蠶蛾的始祖（野生種）。會飛，但口器退化，不吃任何食物。■蠶蛾科■16 ～ 23 mm■6 ～ 11 月■北海道～九州■桑樹

# 各種近緣種類

捲葉蛾科的幼蟲會捲起植物葉子，在裡面生活。刺蛾科的幼蟲長著毒毛，一定要特別小心。

### 木蠹蛾
■蠹蛾科■23～30 mm■6～8月■北海道～九州■蘋果（樹幹）、昆蟲

### 大麗捲葉蛾
棲息於西日本，現在也逐漸蔓延至東日本。■捲葉蛾科■16～27 mm■6～7月、9～10月■本州、四國、九州■楓樹類、山茶花

### 淡緣蝠蛾
成蟲在傍晚飛舞，雌蛾邊飛邊產卵，將卵撒在各處。■蝠蛾科■22～60 mm■8～10月■北海道～九州■柳樹類、野梧桐（樹幹、莖部）

### 野卡織蛾
■織蛾科■14～19 mm■6～8月■北海道、本州、九州■橙木

長角蛾科昆蟲擁有比自己身體還長的觸角。

300%

### 扇翼蛾
■多翼蛾科■8 mm■4～10月■北海道、本州、九州

### 蛀果蛾
■果蛀蛾科■10～15 mm■7～8月■本州、四國、九州■蘋果（果實）

### 長角蛾
雄蛾會同一個地方成群飛舞，尋找雌蛾。■長角蛾科■5～8 mm■4～8月■北海道～九州■落葉

### 茶捲葉蛾
雄蛾和雌蛾的身形大小與翅膀形狀不同。■捲葉蛾科■10～20 mm■3～11月■北海道～琉球群島■茶樹、橘子類

♂

### 胡枝子小羽蛾
傍晚會在草叢間飛舞。■羽蛾科■7～11 mm■5～9月■北海道、本州、九州■尖葉鐵掃帚、胡枝子

### 銀點雕蛾
白天在自己喜歡攝食的植物旁活動，晚上聚集於燈光下。■雕蛾科■8～11 mm■5～9月■北海道～九州■菖蒲、石菖蒲（莖部）

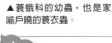

▲蓑蛾科的幼蟲，也是家喻戶曉的蓑衣蟲。

### 大蓑蛾
雌性成蟲沒有翅膀和腳，藏身在蓑巢裡交配、產卵。■蓑蛾科■15～20 mm■5～7月■本州（關東地方以西）、四國、九州、琉球群島■橘子類、栗子樹

### 白星駝蛾
從北海道到九州，棲息著與白星駝蛾極為相似的日本駝蛾。■駝蛾科■16 mm■4～8月■琉球群島（主要棲息於八重山列島）

小常識　昆蟲學家最近發現蠹蛾科幼蟲不只吃樹幹，還會挖洞使樹幹分泌樹液，捕食過來吃樹液的昆蟲。

## 山龍眼螢斑蛾

傍晚在自己喜歡攝食的樹旁飛舞，白天經常可看見其吸食花蜜的身影。■斑蛾科■33～40 mm■6～7月、9～10月■本州（三重縣以西）、四國、九州、琉球群島■小果山龍眼

斑蛾科昆蟲的鮮豔色調表示帶有毒性。

## 茶斑蛾

在琉球群島，可在白天看見其飛舞姿態；在本州與九州，通常晚上會聚集在燈光下。■斑蛾科■30～36 mm■靜岡縣為9月、九州為7～8月和9～10月、八重山列島為全年■本州（靜岡縣以西）、四國、九州、琉球群島■枹木

全身為黑色，只有頭部為紅色，外觀很像螢火蟲。

## 螢蛾

白天在自己喜歡攝食的樹旁飛舞，晚上聚集在燈光下。■斑蛾科■22～30 mm■6～7月、8～9月■北海道～九州■枹木

## 葡萄細斑蛾

在白天飛舞。■斑蛾科■10～14 mm■琉球群島為3月、西日本為5月、東日本為6月、北海道為7月■北海道～琉球群島■蛇葡萄

## 燕尾薄翅斑蛾

早上到中午之間活動力最強，晚上聚集在燈光下。■斑蛾科■30～35 mm■9～10月■本州、四國、九州■櫻花

## 重陽木螢斑蛾

白天飛行，有時會在公園裡的茄苳樹大量繁衍。■斑蛾科■30～40 mm■6～10月■琉球群島（奄美大島以南）■茄苳

## 中華毛斑蛾

白天在自己喜歡攝食的樹旁飛舞。■斑蛾科■15～20 mm■11月■北海道～九州■冬青衛矛

## 基褐綠刺蛾

幼蟲的毛有毒，觸摸會產生強烈疼痛。■刺蛾科■13～16 mm■6～7月■本州、四國、九州■柳樹類、栗子樹

## 麗綠刺蛾 外來種

非日本原生的外來種。■刺蛾科■13～16 mm■4～6月、8～9月■本州、四國、九州、琉球群島■櫻花、樟樹

---

### 專欄 寄生在蟬身上的蟬寄蛾

蟬寄蛾的生活習性十分特別。幼蟲會緊貼在日本暮蟬、斑透翅蟬的腹部，吸食蟬的體液長大。一般幾乎看不見雄性成蟲，雌性成蟲無須交配就能產卵。

▲名和氏蟬寄蛾的成蟲。　　　　▲名和氏蟬寄蛾幼蟲緊貼在蟬的腹部。

透翅蛾科昆蟲擬態成蜜蜂，避免天敵攻擊。

### 擬蜂透翅蛾
成蟲長得很像黑色土蜂，以花蜜為食。■透翅蛾科■ 13 ～ 19 mm ■ 7 ～ 10 月■北海道、本州、九州■軟棗獼猴桃（莖部）

▲外型與蜜蜂一模一樣的赤脛透翅蛾。

### 絨透翅蛾
成蟲的飛行姿態很像胡蜂與黃巨虻。■透翅蛾科■ 15 ～ 24 mm ■ 6 ～ 8 月■北海道、本州■歐洲山楊、龍江柳（樹幹）

### 胡蜂透翅蛾
成蟲長得很像胡蜂。■透翅蛾科■ 15 ～ 22 mm ■ 7 月■北海道～九州■葡萄（樹皮）

### 毛軀透翅蛾
成蟲的飛行姿態很像蜂系昆蟲，以花蜜為食。■透翅蛾科■ 12 ～ 15 mm ■ 6 ～ 10 月■本州、四國、九州、奄美大島、沖繩島■王瓜（莖部）

### 大黃綴葉野螟蛾
■草螟科■ 20 ～ 24 mm ■ 6 ～ 11 月■本州、四國、九州、琉球群島■細柱柳

### 二點織螟
幼蟲吐絲在沙地裡做一個筒狀巢穴，吃青苔長大。■螟蛾科■ 12 ～ 25 mm ■ 6 ～ 9 月■北海道～九州■青苔類

### 豆莢螟
■草螟科■ 11 ～ 14 mm ■ 5 ～ 10 月（琉球群島為全年）■北海道～琉球群島■紅豆（花朵、果實）

### 筒草蛾
靜止時的姿態很像一個圓筒。■草螟科■ 8 ～ 12 mm ■ 7 ～ 8 月■北海道～九州

### 黑斑金草螟
■草螟科■ 11 ～ 15 mm ■ 5 月■本州、四國、九州

### 青苔草蛾
幼蟲在快速流動的河川石頭上，從口部吐絲在青苔下做巢。■草螟科■ 9 ～ 12 mm ■ 6 ～ 9 月■本州、四國、九州■青苔類

### 桑絹野螟
■草螟科■ 11 ～ 14 mm ■ 5 ～ 9 月■本州、四國、九州、琉球群島■桑樹

### 白蠟絹鬚野螟
常見於人類居住的城鎮。■草螟科■ 14 ～ 18 mm ■ 4 ～ 9 月（琉球群島為全年）■北海道～琉球群島■日本女貞

### 桃蛀野螟
外型極似淡色虎斑蛾。■草螟科■ 11 ～ 14 mm ■ 5 ～ 8 月■北海道～九州■桃子、茄子

### 瓜絹野螟
■草螟科■ 13 ～ 18 mm ■ 6 ～ 10 月■北海道～琉球群島■王瓜、絲瓜

### 甜菜白帶野螟
白天也會在草原和農田附近飛行，有時會成群移動。■草螟科■ 11 ～ 14 mm ■ 6 ～ 11 月■北海道～琉球群島■菠菜、莧菜（葉子）

---

 Q: 是否所有蛾類都有毒？　　A: 只有部分毒蛾科成蟲有毒，幼蟲有毒的蛾類也是極少部分。

# 蝴蝶、蛾的幼蟲大集合

許多蝴蝶與蛾的幼蟲擁有獨特顏色與模樣，並非蝴蝶幼蟲就是芋蟲、蛾的幼蟲就是毛蟲，蝴蝶與蛾都有名為芋蟲和毛蟲的幼蟲。

## ●奇怪的長相

▲流星蛺蝶

▶靛弄蝶

▼黑帶雙尾舟蛾

## ●神奇的模樣

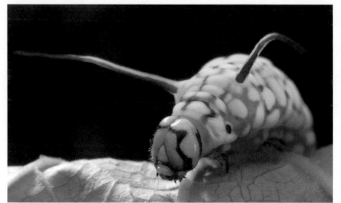

▲大絹斑蝶

▲東亞新螢斑蛾

▲黃鳳蝶

## ●自豪的毛與刺

▲褐基刺蛾

▲雙黑目天蠶蛾

▲琉璃蛺蝶

## ●偽裝的蛇頭

▲木蘭青鳳蝶

▲枯葉裳蛾

▲橙端粉蝶

大多數蝴蝶一整年主要棲息在溫暖的熱帶地區，新幾内亞島周邊有世界最大的蝴蝶，南美大陸有許多當地特有蝴蝶。

※ 本頁標本為實體的 **60**％。

### 天堂鳳蝶

棲息在新幾内亞島與澳洲東北部的大型翠鳳蝶之一，藍色部分的面積很大，翅膀十分美麗。前翅長度約 **60mm**。

### 赫爾翠鳳蝶

**1992** 年發表的新種，只棲息在菲律賓民都洛島的翠鳳蝶之一。前翅長度約 **55mm**。

綠鳥翼蝶族群的顏色依棲息島嶼不同。

### 綠鳥翼蝶

全世界最具代表性的大型鳳蝶，棲息在摩鹿加群島、新幾内亞島與澳洲東部等地。幼蟲吃有毒的植物。其振翅高飛的雄偉姿態，深深吸引昆蟲愛好者的心。雄蝶的前翅長為 **60 ～ 95mm**、雌蝶為 **65 ～ 115mm**。

### 藍鳥翼鳳蝶

鳥翼鳳蝶屬中，棲息在索羅門群島周邊的種類擁有藍色翅膀。雄蝶的前翅長為 **65 ～ 95mm**、雌蝶為 **90 ～ 110mm**。

▲ 鳥翼鳳蝶的幼蟲。

鳥翼鳳蝶屬只有雄蝶擁有色彩鮮豔的翅膀，雌蝶的翅膀顏色很樸素。

### 紅鳥翼鳳蝶

棲息在摩鹿加群島北部的巴占島和哈馬黑拉島的鳥翼鳳蝶帶有紅色翅膀。雄蝶的前翅長約為 **85mm**、雌蝶約為 **105mm**。

### 亞歷珊卓皇后鳥翼蝶

　　雄蝶的前翅長約為 **100mm**、雌蝶約為 **120mm**，是全世界最大的蝴蝶。**1906** 年，第一次發現亞歷珊卓皇后鳥翼蝶的人，用槍將牠打死才捕捉到牠。僅棲息在新幾內亞島東南部的少數地區。

♂

♀

## 美麗絲尾鳥翼鳳蝶

後翅極度變形的鳥翼鳳蝶屬之一，只棲息在新幾內亞島極小部分區域裡，是十分罕見的種類。雄蟲最大為 **60mm**、雌蟲最大為 **80mm** 左右，在鳥翼鳳蝶屬中屬於小型蝶。

## 紅頸鳥翼鳳蝶

棲息在馬來半島與婆羅洲等地。雄蝶群聚於溫泉湧出的河川平原，前翅長為 **80 ～ 90mm**。

## 四川絹蝶

棲息在中國青海省等地的高山，是美麗的絹蝶屬之一。前翅長 **28 ～ 39mm**。

## 馬來翠蛺蝶

飛行速度很快，會飛到熟透的果實吸食果汁。前翅長約 **30mm**。分布在東南亞，屬於只在限定區域活動的稀有種類。

## 藍斑大蛺蝶

棲息於中南半島，雌蝶前翅達 **57mm** 左右，屬於大型蛺蝶之一。幾乎貼著地面飛行，也經常停在地上，對人類氣息十分敏感。

## 帝王蝶

主要棲息在北美洲到南美洲北部一帶，每年秋冬會成群遷徙至溫暖的南方過冬。前翅長約 **50mm**。

### 閃光黑鳳蝶

棲息在美國中部到西部的大型鳳蝶之一，前翅長約 **77mm**。雌蝶極為罕見，人類至今仍不清楚其生態習性、生活史。

原寸

※ 沒有原寸與倍率圖示的昆蟲代表為實體的 **60%**。

### 尖翅藍閃蝶

這是在閃蝶屬中特別閃亮的一種，前翅長 **68mm** 左右。

80%

### 大藍閃蝶

閃蝶屬中代表中南美的美麗大型蝶，前翅長 **80mm** 左右。擁有特殊鱗片，散發出金屬光澤。

### 太陽閃蝶

不帶金屬光澤的閃蝶，前翅長 **86mm** 左右。

### 玫瑰彩襖蛺蝶

彩襖蛺蝶屬分布於中美洲到南美洲，被譽為全世界最美的蝴蝶，聚集在果實上吸食果汁。即使是相同種類，每一隻的模樣都不一樣。前翅長約 **40mm**。

### 輕渦蛺蝶族群

棲息在中南美的小型蛺蝶之一，後翅背面帶有數字般的圖樣。經常在水邊吸水，前翅長約 **22mm**。

目前已知全世界蝴蝶與蛾的近緣種加起來約有 **15 萬種**，其中絕大多數都是蛾類。昆蟲學家認為還有許多蛾尚未被發現定名。

※ 本頁標本為實體的 **60%**。

### 日落蛾（彩豔蛾）

只棲息在馬達加斯加，被譽為全世界最美的蛾。昆蟲學家認為鮮豔的顏色是凸顯身上有毒的保護色。前翅長約 **60mm**。

### 馬達加斯加長尾水青蛾

後翅的尾狀突起是全世界所有蛾之中最長的，達 **150mm**。只棲息在非洲東岸的馬達加斯加，數量不多。前翅長約 **100mm**。

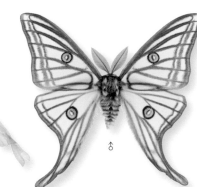

### 伊莎貝拉天蠶蛾

分布在歐洲阿爾卑斯山脈到西班牙庇里牛斯山的山區，主要棲息在松樹林。由於最近數量愈來愈少，各界正積極推動保育。前翅長 **45mm** 左右。

### 強喙夜蛾

前翅長達 **170mm** 的蛾，分布在中美洲到南美洲赤道附近。飛行方式近似蝙蝠，具有趨光性。

### 蝶形蛾

棲息在智利的蝶形蛾，前翅長約 **50mm**。大多數蝶形蛾分布在中美洲到南美洲，主要在白天活動。許多種類會快速地在高處飛行，因此不易採集。

# 蜂類

蜂類擁有二對四片薄如蟬翼的翅膀，有些種類的雌蜂帶有毒針。部分種過著集體生活，社會階級嚴明，包括女王蜂、工蜂、雄蜂等，在同一個巢內各自分工，發揮自己的功用。

▼捕殺日銅羅花金龜族類，做成肉丸的大虎頭蜂。

## 胡蜂及長腳蜂

有些蜂類會攻擊其他昆蟲，餵食自己的幼蟲。胡蜂與長腳蜂類將獵捕的獵物咬碎做成肉丸，餵食幼蟲。

## 習性兇猛的胡蜂

胡蜂類演化出發達的大顎，是為了咬碎獵物的身體製作肉丸。此外，雌蜂具有強烈毒性，只要敵人靠近巢穴就會伸出毒針攻擊。和蜜蜂一樣過著集體生活也是其特性之一。

▼威嚇敵人的大虎頭蜂。

▲黃腳胡蜂的巢。

## 以毒針麻醉獵物

　　有些蜂類，例如馬蜂族類會使用毒針刺殺其他昆蟲的幼蟲。先利用毒液使獵物麻痺，趁獵物還活著的時候搬回巢裡。這個作法是為了讓幼蟲吃到新鮮的食物。

▲將麻痺的獵物帶回巢穴的黃緣前喙螺蠃。

▲巢穴上方是產下的蜂卵。

▲幼蟲吃活的食物長大。

▲最後化蛹。

## 寄生其他昆蟲長大的蜂類

　　有些蜂類會將卵產在其他昆蟲或幼蟲體內，以寄生的型式長大。幼蟲在寄生的昆蟲體內成長，吃宿主維生，最後穿破宿主身體，來到外面的世界。

▲從寄主體內出來的小繭蜂幼蟲開始結繭。

▲在紋白蝶幼蟲身上產卵的小繭蜂。

## 身體構造適合運送花粉和花蜜

　　蜜蜂後足有一部分長滿像刷子的腳毛，用這些刷子沾附花粉，在後足做出花粉團。此外，口器形狀也很適合吸食花蜜，將花蜜存放在體內的嗉囊之中。

▶飛到櫻花吸食花蜜的東方蜂。

▼採集油菜花蜜和花粉團的西方蜂，後足上的黃色球體就是花粉團。

## 將花粉和花蜜帶回巢裡

　　蜜蜂將採集的花粉和花蜜帶回巢裡，飛回巢裡的蜜蜂會做出類似跳舞的動作，將花朵位置告訴其他工蜂。花粉存放在巢內的六角形小蜂窩裡。

▲搖動臀部畫圓的動作像是在跳舞。

▲存放在巢內的花粉。

## 女王蜂與工蜂

　　以集體生活的蜜蜂為例，一個蜂巢裡會有一隻女王蜂和數萬隻工蜂。工蜂都是雌蜂，雄蜂在巢內只有數百隻。工蜂除了負責採集花粉和花蜜之外，也負責照顧幼蟲、看守蜂巢，必須從事許多工作。

▼集結在女王蜂四周的工蜂。

## 女王蜂的工作
## 就是產卵

　　在一個蜂巢內，只有女王蜂可以產卵。女王蜂和雄蜂交配後，將卵一顆顆產在小蜂窩裡，每天可產下超過1000顆以上的卵。

▲將腹部末端塞進小蜂窩裡產卵。

▲產在小蜂窩裡的卵。

▲工蜂以自己體內製造的蜂王漿餵食剛出生的幼蟲。此後，只有成為女王蜂的幼蟲可以吃蜂王漿。

117

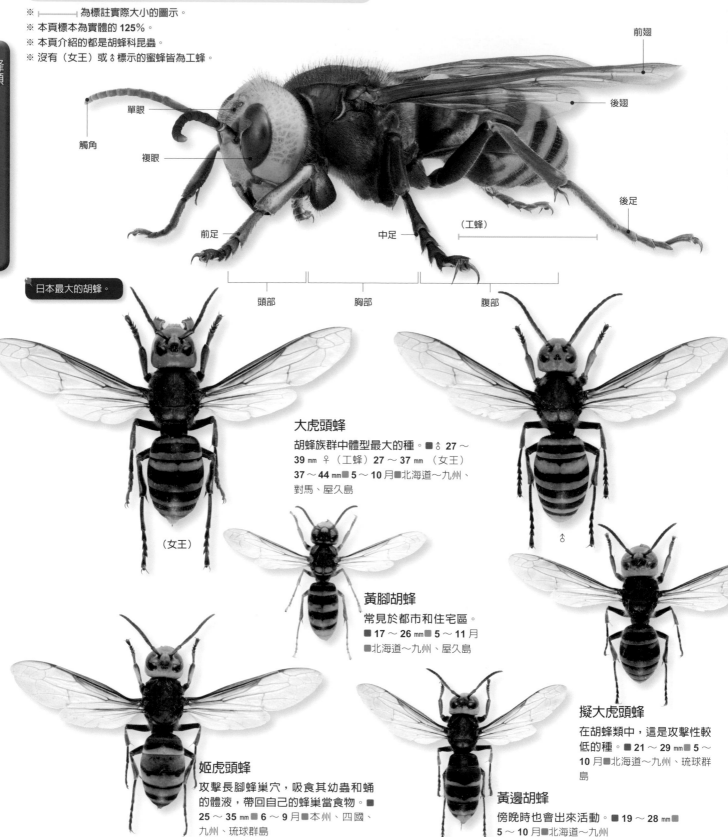

# 胡蜂類

胡蜂與長腳蜂類都是狩獵蜂，過著集體生活。幼蟲為肉食性，成蟲為雜食性，吸食樹液和花蜜。

蜂類

前翅

單眼

後翅

觸角

複眼

後足

（工蜂）

前足    中足

頭部    胸部    腹部

日本最大的胡蜂。

（女王）

**大虎頭蜂**
胡蜂族群中體型最大的種。■♂ 27 ～ 39 mm ♀（工蜂）27 ～ 37 mm（女王）37 ～ 44 mm ■ 5 ～ 10 月■北海道～九州、對馬、屋久島

♂

**黃腳胡蜂**
常見於都市和住宅區。
■ 17 ～ 26 mm ■ 5 ～ 11 月
■北海道～九州、屋久島

**擬大虎頭蜂**
在胡蜂類中，這是攻擊性較低的種。■ 21 ～ 29 mm ■ 5 ～ 10 月■北海道～九州、琉球群島

**姬虎頭蜂**
攻擊長腳蜂巢穴，吸食其幼蟲和蛹的體液，帶回自己的蜂巢當食物。■ 25 ～ 35 mm ■ 6 ～ 9 月■本州、四國、九州、琉球群島

**黃邊胡蜂**
傍晚時也會出來活動。■ 19 ～ 28 mm ■ 5 ～ 10 月■北海道～九州

## 茶色虎頭蜂

侵入其他胡蜂的蜂巢，殺死女王蜂，將整個蜂巢占為己有。■ **17 ～ 29 mm**■**6 ～ 10 月**■北海道、本州

## 黃腰虎頭蜂

通常在接近地表處築巢。■ **18 ～ 28 mm**■**4 ～ 11 月**■琉球群島

## 中長黃胡蜂

常在一般民宅的屋簷下方築巢。■ **14 ～ 22 mm**■**5 ～ 9 月**■北海道、本州

♂

## 細黃胡蜂

長野縣和岐阜縣民有吃細黃胡蜂的幼蟲和蛹的飲食習慣。■ **10 ～ 15 mm**■**4 ～ 11 月**■北海道～九州、屋久島、種子島

## 印度側異腹胡蜂

會在葉子背面做一個邊緣呈圓弧形的長方形巢穴。■**14 ～ 20 mm**■**4 ～ 9 月**■本州、四國、九州、屋久島

## 中華馬蜂

這是日本最常見的長腳蜂，會在民宅的屋簷下或低矮樹幹築一個往水平延伸的蜂巢。■ **14 ～ 18 mm**■**4 ～ 10 月**■北海道～琉球群島

## 黑紋長腳蜂

在長腳蜂中屬於攻擊性較強的蜂種，在各種環境築巢。■ **18 ～ 24 mm**■**4 ～ 11 月**■北海道～琉球群島

## 家馬蜂

經常可在市區發現其蹤影，家馬蜂的幼蟲吃蝴蝶和蛾的幼蟲。■ **18 ～ 26 mm**■**4 ～ 10 月**■本州、四國、九州、琉球群島

## 日本長腳蜂

在民宅屋簷下方和草木枝條築巢，並在巢柄部分塗上螞蟻討厭的紅褐色物質，避免螞蟻侵入蜂巢。■ **15 ～ 18 mm**■本州、四國、九州、琉球群島

**專欄** 長腳蜂為和紙工匠？

長腳蜂類及胡蜂會從枯木表面抽出纖維築巢。先在口中仔細咀嚼纖維，充分混和唾液，做成濃稠狀材料，與和紙材料一模一樣。長腳蜂及胡蜂的巢就像是用和紙糊起來的。

## 雙斑長腳蜂

常見於山區，蜂巢形狀大多是反過來的。■ **11 ～ 17 mm**■**4 ～ 10 月**■北海道～九州

## 柑馬蜂

在樹葉背面築巢，繭的蓋子為鮮豔的黃色。■ **13 ～ 16 mm**■**5 ～ 9 月**■北海道～九州、屋久島

# 蛛蜂、土蜂、馬蜂類

蛛蜂與馬蜂類屬於獨棲性的狩獵蜂，牠們先以毒針麻痺獵物，再將獵物搬回巢中餵飼幼蟲。土蜂類在豔金龜和鍬形蟲的幼蟲身上產卵，土蜂幼蟲從外面吃宿主。

※ 本頁標本為實體大小。

### 背彎溝蛛蜂
獵捕捕魚蛛。■蛛蜂科■15～27 mm■6～8月■本州、四國、九州、琉球群島

### 魚蛛蜂
與背彎溝蛛蜂一樣獵捕捕魚蛛。■蛛蜂科■12～25 mm■6～9月■北海道～九州

### 大蛛蜂
在蛛蜂族群中屬於最大的種。■蛛蜂科■14～33 mm■6～11月■宮古列島、八重山列島

### 黃帶蛛蜂
獵捕悅目金蛛。■蛛蜂科■♂16～18 mm ♀23～28 mm■6～9月■本州、四國、九州、琉球群島

### 黃斑黑蛛峰
獵捕捕魚蛛。■蛛蜂科■10～17 mm■5～10月■北海道～琉球群島

### 眼斑土蜂
飛行速度快，沒有攻擊性。■土蜂科■11～25 mm■6～10月■北海道～九州、種子島、屋久島

### 金龜土蜂
寄生在豔金龜等昆蟲的幼蟲身上。■土蜂科■22～30 mm■5～11月■八重山列島

### 黑體花斑土蜂
幼蟲吃豔金龜等昆蟲的幼蟲。■土蜂科■13～31 mm■6～9月■北海道～九州、屋久島、種子島

### 麗紋土蜂
寄生在紅銅麗金龜等昆蟲的幼蟲身上。■土蜂科■15～24 mm■7～9月■北海道～九州、屋久島、種子島

### 條紋土蜂
幼蟲吃豔金龜等昆蟲的幼蟲。■土蜂科■19～33 mm■4～9月■本州、四國、九州、奄美群島

### 嗜蛾馬蜂
獵捕尺蛾與夜蛾的幼蟲。■馬蜂科■20～27 mm■4～12月■琉球群島

### 赭褐毛唇蜾蠃
以泥土在蜂巢入口做出一條煙囪狀通路，獵食捲葉蛾等昆蟲的幼蟲。■馬蜂科■18 mm左右■6～9月■本州、四國、九州

### 赭褐旁喙蜾蠃
在蘆葦或竹筒上築巢，獵食小型蛾的幼蟲。■馬蜂科■12～16 mm■6～9月■本州、四國、九州、種子島

### 細腰土蜂
以泥土築成酒壺狀蜂巢，獵食尺蛾等幼蟲。■馬蜂科■10～15 mm■5～9月■北海道～本州

### 錐柄蜾蠃蜂
日本體型最大的細腰土蜂。■馬蜂科■20～30 mm■7～9月■本州、四國、九州

### 日本元蜾蠃
獵食捲葉蛾與螟蛾等昆蟲的幼蟲。■馬蜂科■15～19 mm■5～10月■北海道～九州、奄美大島

# 泥蜂、銀口蜂類

泥蜂、銀口蜂類獨棲生活，獵捕昆蟲餵食幼蟲。利用竹筒和枯木等材料做巢，有些種類則在地底挖一個深洞築巢。

※ ├───────┤ 為標註實際大小的圖示。
※ 沒有大小圖示的昆蟲代表為實體大小。

### 疏長背泥蜂
獵食棲息在人類家中的蟑螂。■長背泥蜂科■ 10 ～ 18 mm■ 7 ～ 8 月■本州、四國、九州、屋久島

### 銀毛泥蜂
在地底築巢，獵捕鐮尾露螽和剪蟖。■泥蜂科■ 23 ～ 33 mm■ 7 ～ 9 月■本州、四國、九州、琉球群島

### 逐螽泥蜂
在地底築巢，獵捕鐮尾露螽。■泥蜂科■ 23 ～ 34 mm■ 7 ～ 9 月■本州、四國、九州、琉球群島

### 褐足扁股泥蜂
將青苔堆在竹筒裡做巢，獵捕黑翅細螽與寬翅紡織娘等昆蟲。■泥蜂科■ 17 ～ 25 mm■ 7 ～ 9 月■本州、四國、九州

### 日本藍泥蜂
在竹筒築巢，獵捕蜘蛛幼體。■泥蜂科■ 15 ～ 20 mm■ 6 ～ 8 月■本州、四國、九州、琉球群島

### 多沙泥蜂
在地底築巢，獵捕蝴蝶與蛾的幼蟲。■泥蜂科■ 19 ～ 23 mm■初夏～晚秋■北海道～九州、屋久島、種子島

### 切方頭泥蜂
在枯樹築巢，獵捕水虻、家蠅與食蚜蠅等昆蟲。■銀口蜂科■ 8 ～ 11 mm■ 5 ～ 9 月■北海道～琉球群島

### 黃柄壁泥蜂
獵捕大腹圓蛛和三突花蛛等昆蟲，在柱子和牆壁以泥土做一個章魚籠造型的蜂巢。■泥蜂科■ 20 ～ 28 mm■ 5 ～ 9 月■本州、四國、九州、琉球群島

**[瀕危物種]**
### 食虻銀口蜂
在沙地築巢，獵捕虻與蠅等昆蟲。■銀口蜂科■ 20 ～ 23 mm■ 6 ～ 9 月■北海道～九州、屋久島

### 黑角短翅泥蜂
在竹筒築巢，獵捕跳蛛等昆蟲。■銀口蜂科■ 12 ～ 17 mm 左右■ 5 ～ 10 月■本州、四國、九州、琉球群島

### 中華捷小唇泥蜂
在地底築巢。■銀口蜂科■ 15 ～ 26 mm■ 6 ～ 8 月■本州、四國、九州、琉球群島

### 蟻形銀口蜂
獵捕麻蠅、麗蠅、綠蠅等昆蟲。■銀口蜂科■ 10 ～ 13 mm■ 7 ～ 10 月■北海道～九州

### 黃條銀口蜂
在地底築巢，獵捕沫蟬成蟲。■銀口蜂科■ 10 ～ 14 mm■ 6 ～ 8 月■北海道、本州、四國

### 麗大唇泥蜂
在地底築巢，獵捕蝗蟲、黑翅細螽等昆蟲。■銀口蜂科■ 17 ～ 23 mm 左右■ 7 ～ 8 月■北海道～九州

### 黃紋銀口蜂
在地底築巢，獵捕蜂族等昆蟲。■銀口蜂科■ 7 ～ 15 mm■ 6 ～ 8 月■北海道～九州

### 日本銀口蜂
在地底築巢，獵捕地花蜂與蜂族等昆蟲。■銀口蜂科■ 8 ～ 12 mm■ 7 ～ 9 月■本州、四國、九州、屋久島

---

 **小常識** 細腰土蜂以泥土築成蜂巢，蜂巢造型很像酒壺（とっくり），因此日文名字稱為「トックリバチ」。

# 寄生蜂類

寄生蜂會將卵產在其他昆蟲或幼蟲身上；此外，青蜂、蟻蜂則寄生在泥蜂與馬蜂巢穴裡。

※ ├──┤ 為標註實際大小的圖示。
※ 沒有大小圖示的昆蟲代表為實體大小。

♀

## 鳳蝶深溝姬蜂

寄生在鳳蝶幼蟲身上。■姬蜂科■13～17 mm■5～9月■北海道～九州

## 斑翅馬尾姬蜂

寄生在日本樹蜂幼蟲身上。■姬蜂科■15～40 mm■5～9月■北海道～九州

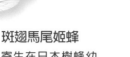

## 日本褶翅小蜂

寄生在切葉蜂幼蟲身上。■褶翅小蜂科■9～15 mm■5～9月■本州、四國、九州

## 廣大腿小蜂

寄生在蝴蝶與蛾的蛹上。■小蜂科■5～7 mm■北海道～琉球群島

■瀕危物種

## 長管馬尾繭蜂

雌蜂擁有長長的產卵管，將卵產在木頭裡的白條天牛幼蟲身上。■小繭蜂科■15～24 mm■5～6月■本州、四國、九州

## 路氏蟻蜂

寄生在節腹泥蜂等昆蟲的巢裡。■蟻蜂科■♂ 5～12 mm ♀ 4～9 mm■北海道～九州、種子島

**2006年新種**

## 大蟻形蜂

翅膀變短退化，在地面行走。■蟻形蜂科■5 mm■5～11月■本州

## 條紋青蜂

寄生在石溝蜾蠃巢穴裡。■青蜂科■6～12 mm■5～9月■北海道～九州

## 藍青蜂

顏色和體長產生變異，寄生在錐柄蜾蠃蜂和細腰土蜂的巢裡。■青蜂科■7～20 mm■6～10月■本州、四國、九州、琉球群島

# 葉蜂、樹蜂類

葉蜂與樹蜂類的幼蟲吃植物的葉子、莖部和木材，特徵是沒有毒針，腰腹部位沒有葫蘆曲線。

## 朴童錘角葉蜂

幼蟲吃朴樹葉子。■錘角葉蜂科■16～18 mm■4～5月■本州、四國、九州

## 錘角葉蜂

幼蟲吃錦帶花的葉子。■錘角葉蜂科■17～19 mm■6～8月■本州

## 黃腹扁葉蜂

■扁葉蜂科■12 mm左右■4～8月■本州、四國、九州

## 杜鵑三節葉蜂

幼蟲吃杜鵑花的葉子。■三節葉蜂科■8～10 mm■4～10月■北海道～琉球群島

## 芹菜葉蜂

幼蟲吃芹菜和鴨兒芹。■葉蜂科■15 mm■4～6月■本州、四國、九州

## 日本樹蜂

幼蟲吃日本柳杉等針葉樹的樹幹，是家喻戶曉的害蟲。■樹蜂科■25～38 mm■7～10月■北海道～九州

## 松樹蜂

幼蟲吃松樹、魚鱗雲杉的樹幹。■樹蜂科■20～32 mm■6～8月■北海道～九州、對馬

## 扁足樹蜂

幼蟲吃朴樹、櫸樹和榆樹的樹幹。■樹蜂科■24～31 mm■9～10月■本州、四國、九州

# 土蜂及切葉蜂類

土蜂與切葉蜂類會聚集在花朵上，採集花粉和吸食花蜜。蜜蜂身上沾著花粉，往來於各花之間，有助於植物授粉。

※├────┤為標註實際大小的圖示。※ 沒有大小圖示的昆蟲代表為實體的 120％。
※ 本頁介紹的都是土蜂科昆蟲。
※ 沒有（女王）或♂標示的蜜蜂皆為工蜂。

**白彌生姬花蜂**
群聚於繁縷和油菜花等植物的花朵。
■ 9 mm ■ 4 〜 5 月■北海道〜九州

**粗切葉蜂**
日本最大的切葉蜂，在竹筒築巢。■ 17 〜 25 mm■ 7 〜 10 月■北海道〜九州

**月季切葉蜂**
將月季等薔薇科植物的葉子切成圓形做巢。■ 12 〜 14 mm■ 4 〜 10 月■北海道〜九州

**基赤腹蜂**
寄生在粗切葉蜂的巢穴裡。■ 10 〜 17 mm■ 7 〜 8 月■北海道〜九州

雄蜂體型比雌蜂大。

**七齒黃斑蜂**
在竹筒或柱子的洞裡，塞入魁蒿等植物的綿毛做巢。■ 14 〜 17 mm■ 7 〜 9 月■本州

**日本花蘆蜂**
在日本櫸樹的莖部裡築巢。
■ 9 mm ■ 4 〜 10 月■北海道〜九州

**大名黃斑花蜂**
寄生在長鬚蜂，日本沒有發現雄蜂的紀錄。■♀ 13 mm左右■ 4 〜 5 月■北海道〜琉球群島

**日本長鬚花蜂**
雄蜂觸角很長，群聚於蓮花之類的花朵上。■♂ 12 mm左右 ♀ 14 mm左右■ 4 〜 5 月■本州、四國、九州

**波琉璃紋花蜂**
寄生在花無墊蜂身上。
■ 10 〜 14 mm■ 8 〜 9 月■本州、四國、九州、屋久島

（女王）

**紅光熊蜂**
在地底築巢，聚集在蘋果和杜鵑花上。■♂ 20 mm左右 ♀（女王）19 〜 23 mm（工蜂）12 〜 19 mm■ 4 〜 9 月■本州、四國、九州

（女王）

**炎熊蜂**
常見於住宅區四周，聚集於櫻花和杜鵑花上。■♂ 16 mm左右 ♀（女王）15 〜 21 mm（工蜂）10 〜 16 mm■ 3 〜 7 月■北海道〜九州、屋久島

**黃胸熊蜂**
在枯枝鑽洞築巢。■ 23 mm左右■ 4 〜 10 月■北海道〜九州、屋久島

（工蜂）

**東方蜂**
過著集體生活。
■♂ 15 〜 16 mm ♀（女王）17 〜 19 mm（工蜂）12 〜 13 mm■ 3 〜 10 月■北海道〜九州、琉球群島

**西方蜂** （義大利蜂）外來種
過著集體生活。人類飼養西方蜂，收集蜂蜜食用。
■ 13 〜 20 mm■ 3 〜 10 月■北海道〜琉球群島

## 專欄 蜜蜂 VS 胡蜂

有時胡蜂會攻擊蜜蜂的蜂巢，各位可能以為胡蜂體型比蜜蜂大，應該可以輕鬆取勝，但事實並非如此。東方蜂會集體包圍胡蜂，使胡蜂周圍的溫度上升，以此方式悶死胡蜂。蜜蜂比胡蜂耐熱，他們就是利用這項習性對抗胡蜂。

# 蟻類

蟻蟻和蜂類一樣過著集體生活，以蟻后為中心，身邊圍繞著許多工蟻（雌蟻）和雄蟻。日本從北海道到琉球群島，共棲息著大約 280 種蟻蟻。

▲大黑蟻的工蟻負責照顧蟻后產下的卵和蛹。

## 蟻蟻社會各司其職

每隻蟻蟻都有自己的任務。蟻后負責產卵，工蟻負責覓食、擴展巢穴、照顧幼蟲等工作。大黑蟻的食物是昆蟲屍體、蚜蟲和植物分泌的蜜露。蟻窩空間分為蟻后的房間、照顧幼蟲和蛹的房間、儲藏食物的房間等。

▼大黑蟻的工蟻分解蜻蜓屍體，運回蟻窩。

▼大黑蟻的工蟻照顧蟻后的生活起居。

## 螞蟻的婚飛

　　每年 5 ～ 6 月，有翅膀的大黑蟻新蟻后和雄蟻就會飛出蟻窩，進行婚飛。蟻后在空中與雄蟻交配後就會降落至地面，翅膀脫落，靠一己之力在地面挖洞，開始築巢。挖出一個小房間後，蟻后就會產卵。

▲從地面爬上綠草前端，準備展翅高飛的大黑蟻蟻后。

## 大黑蟻繁衍後代從一隻蟻后開始

　　幼蟲一出生，蟻后會親自照顧，餵食營養的食物。等到幼蟲化蛹羽化，就會誕生出第一批工蟻。等工蟻愈來愈多，蟻后便將照顧蟻卵和幼蟲的重責大任交給工蟻，專心產卵。

▲親自照顧幼蟲的大黑蟻蟻后，親口餵食幼蟲。

## 從蚜蟲身上吸食蜜露

在生活習性上，螞蟻和蚜蟲有著密不可分的關係。蚜蟲身上會分泌出一種甜液（蜜露）吸引螞蟻來吃，螞蟻則幫忙驅趕靠近蚜蟲的其他昆蟲。此外，救荒野豌豆與虎杖等植物會在新芽附近分泌蜜露，吸引螞蟻群聚，藉此保護新芽，不受其他昆蟲啃食。

▲大黑蟻吸食從蚜蟲尾部分泌出的蜜露。大黑蟻只要用觸角碰觸蚜蟲身體，蚜蟲就會分泌蜜露。

▲大黑蟻驅趕跑來吃蚜蟲的瓢蟲。

▼每年 7 ～ 8 月，武士蟻就會攻擊日本山蟻的巢穴，搶走繭中的蛹。等到這些日本山蟻長大後，就成為武士蟻的工蟻。武士蟻以奴役其他種類的螞蟻稱著，屬於「蓄奴蟻」。

## 螞蟻的天敵是螞蟻

螞蟻只要碰觸彼此的觸角，就知道對方是否為自己的同伴。昆蟲學家認為，螞蟻是從身體表面的化學物質分辨。不過，即使是同一種螞蟻，不同蟻窩的族群屬於敵人，也會互相攻擊。此外，有些種類會攻擊異種螞蟻。

▲大黑蟻以大顎咬住對方，再從尾部射出「蟻酸」。

# 蟻<sub>類</sub>

蟻類大多在地底挖洞生活，胸部和腹部以腹柄節連結，方便龐大的身軀靈活轉動。

**大黑蟻**
在開闊環境的地面築巢生活。■工蟻 7 ～ 12 ㎜■ 4 ～ 11 月■北海道～九州、屋久島、吐噶喇群島中之島

（蟻后）　（雄蟻）　（兵蟻）

在工蟻中體型較大，會保護巢穴，追趕外敵。

※ ├──┤ 為標註實際大小的圖示。
※ 沒有大小圖示的昆蟲代表為實體的 220%。
※ 本頁介紹的都是蟻科昆蟲。
※ 沒有（蟻后）或（兵蟻）標示的螞蟻皆為工蟻。

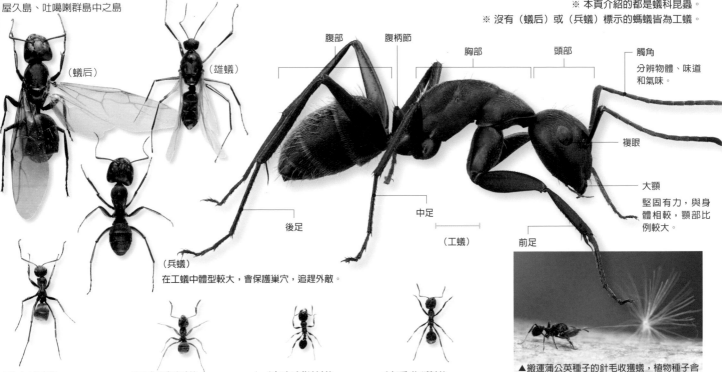

腹部　腹柄節　胸部　頭部

觸角
分辨物體、味道和氣味。

複眼

大顎
堅固有力，與身體相較，顎部比例較大。

後足　中足　（工蟻）　前足

▲搬運蒲公英種子的針毛收獲蟻，植物種子含有大量營養素。

**日本山蟻**
在草地的地底築巢，深度約 1 ～ 2m。■ 4 ～ 6 ㎜■ 3 ～ 11 月■北海道～九州、屋久島

**日本毛山蟻**
圍繞在蚜蟲身邊，在朽木或土裡築巢。■ 3 ～ 4 ㎜■北海道～九州、屋久島、吐噶喇群島

**津島鋪道蟻**
在草地的石頭下方築巢。■ 2.5 ～ 4 ㎜■北海道～九州、屋久島

**針毛收獲蟻**
收集植物種子，放在蟻窩的食物倉庫裡。■ 4 ～ 5 ㎜■ 10 ～ 12 月、4 ～ 5 月■本州、四國、九州、屋久島

**黑草蟻**
有一段時間寄生在遮蓋毛蟻的巢穴，釋放出類似山椒種子的強烈氣味。■ 4 ～ 5 ㎜■北海道～九州

**武士蟻**
綁架日本山蟻等其他螞蟻，作為自己的奴隸。■ 4 ～ 7 ㎜■ 7 ～ 8 月■北海道～九州

**巨山蟻**
常見於樹林，在朽木築巢。主要為夜行性。■ 8 ～ 11 ㎜■北海道～九州、屋久島

**血紅林蟻**
攻擊日本山蟻的巢穴，俘虜工蟻當成奴隸使役。■ 6 ～ 7 ㎜■ 5 ～ 10 月■北海道、本州

**暗足弓背蟻**
常見於樹林，在腐朽的木頭部分築巢。■ 7 ～ 12 ㎜■ 5 ～ 10 月■北海道～九州、屋久島

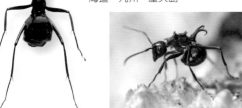

**亮紅大頭蟻**
在森林的石頭下方和朽木中築巢。■（工蟻）2.5 ㎜（蟻后）7 ㎜■ 5 ～ 11 月■北海道～九州、屋久島

（蟻后）

**刺蟻**
在樹根空洞處築巢，搶奪侵占其他螞蟻的巢穴。■ 6 ～ 8 ㎜■ 4 ～ 11 月■本州、四國、九州、屋久島

**劉氏瘤顎蟻**
常見於樹林，吃彈尾蟲等昆蟲。■ 2 ～ 2.5 ㎜■本州、四國、九州、琉球群島

💬 負責產卵的不是蟻后，而是工蟻。

**堅硬雙針家蟻**
短暫在石頭與橫臥的樹木築巢，經常搬家。■ 3 ～ 3.5 ㎜■ 4 ～ 11 月■北海道～九州、琉球群島

# 全球蟻類

光是有學名的螞蟻，全世界就有 1 萬 1500 種左右。熱帶地區的種類較多，有些螞蟻的生態相當特別。

全球最大的螞蟻。

## 大巨山蟻

這是全世界體型最大的螞蟻，體長達 **30mm** 左右，棲息在東南亞。

原寸

## 切葉蟻

將切下來的葉子搬回巢裡，利用葉子栽培蕈類，以蕈類為食。主要棲息在中美洲到南美洲一帶。

## 黃猄蟻

幼蟲吐絲將幾片葉子結合起來，在樹上築巢。棲息於東南亞與澳洲東北部。

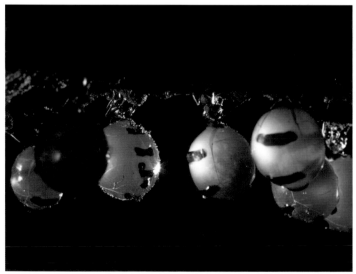

## 蜜罐蟻

工蟻將自己當成「行動倉庫」，採集大量花蜜，儲存在自己的腹部，垂掛在巢穴的天花板。棲息在墨西哥北部與澳洲等乾燥地區。

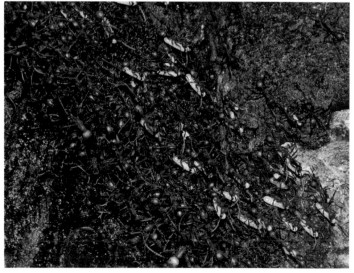

## 行軍蟻

棲息在中美洲到南美洲的熱帶雨林，沒有固定巢穴，形成數量龐大的群體，過著游牧生活。超過數百萬隻的螞蟻如軍隊般過著規律生活，採取一致的行動。

# 白蟻不是螞蟻！

白蟻看起來像是白色螞蟻，其實是與蟑螂較為接近的昆蟲。社會階級嚴明，包括蟻后、雄蟻、工蟻、兵蟻等各司其職，過著集體生活。目前已知全世界約 2200 種白蟻，部分白蟻會侵蝕木造房屋，屬於害蟲。但大多數生活在森林和草原，負責分解朽木，在大自然生態扮演重要分解者角色。

## ●白蟻的食物

在自然界中，白蟻的食物包括枯木、草、富含有機物的土壤、草食動物的糞便等；有些生態比較奇特的白蟻會栽種蕈類作為食物，或以苔蘚、地衣類為食。

▲搬運地衣類植物的須白蟻。須白蟻是黑色白蟻，工蟻將地衣滾成球狀，排成長長隊伍搬運食物。棲息在東南亞。

## ●白蟻巢穴

各種白蟻的巢穴形狀與大小各異，國外甚至有比人還高的巨型白蟻塚。棲息在八重山列島森林的高砂象白蟻在樹上築球狀巢，每天從巢中外出覓食。

▶高砂象白蟻的巢穴。

## ●白蟻階級（黃胸散白蟻）

**蟻后**
由工蟻照顧其生活起居，負責產卵。

**羽蟻**
每年 4～5 月，天氣炎熱的上午時段傾巢而出。隨後翅膀脫落，雄蟻和蟻后在地上配對，形成新蟻后與新蟻王，建立自己的巢穴。

**工蟻和兵蟻**
工蟻咀嚼食物，親口餵食蟻后、兵蟻與幼蟲。兵蟻的頭部很大，還有銳利的大顎，負責守衛蟻窩，抵禦天敵入侵。

—— 兵蟻
—— 幼蟻
—— 工蟻

## ●各種兵蟻

兵蟻負責保護巢穴，抵禦對手，演化出各種頭型和防衛方式。

**高砂象白蟻**
**（噴射型，鼻兵）**
從尖銳的頭部前端噴出黏液。棲息於八重山列島。

**家白蟻**
**（緊咬型，顎兵）**
從頭部射出白色黏液，再用大顎緊咬。棲息於本州～琉球群島。

**新渡戶歪白蟻**
**（彈飛型）**
運用角度很大的大顎彈飛對手。棲息在八重山列島。

# 蠅、虻及蚊類

雙翅目昆蟲包括蠅、虻、蚊、大蚊及蚋等昆蟲。這些昆蟲的後翅退化成平均棍，只有二片翅膀。幼蟲分成棲息在陸地和水中兩種，屬於完全變態昆蟲。

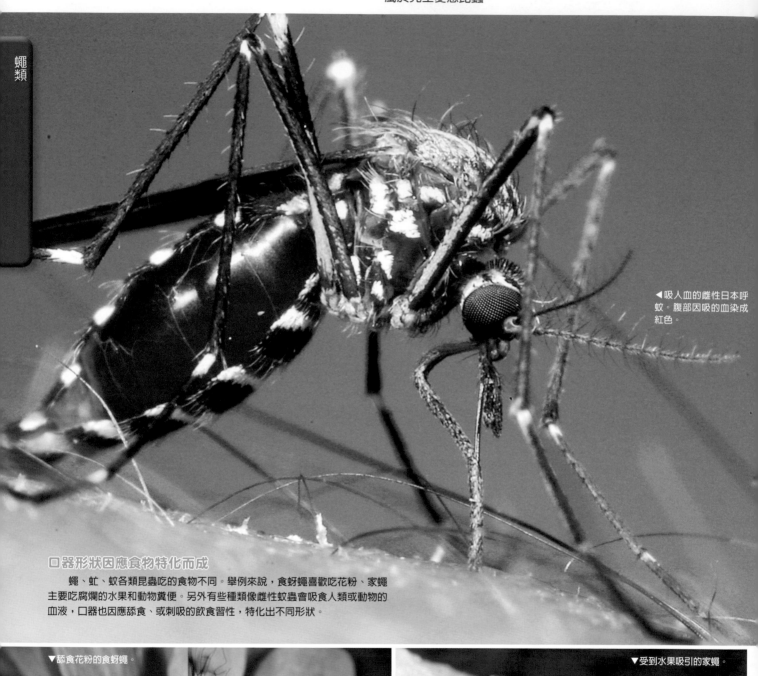

◀吸人血的雌性日本呼蚊。腹部因吸的血染成紅色。

## 口器形狀因應食物特化而成

蠅、虻、蚊各類昆蟲吃的食物不同。舉例來說，食蚜蠅喜歡吃花粉、家蠅主要吃腐爛的水果和動物糞便。另外有些種類像雌性蚊蟲會吸食人類或動物的血液，口器也因應舔食、或刺吸的飲食習性，特化出不同形狀。

▼舔食花粉的食蚜蠅。

▼受到水果吸引的家蠅。

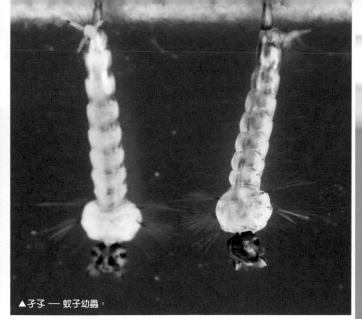

▲子孑 —— 蚊子幼蟲。

## 蚊的幼蟲「孑孓」在水中長大

蚊類幼蟲稱為「孑孓」，在積水處長大。孑孓將腹部前端的呼吸管伸出水面呼吸，吃水中的微生物。蚊子蛹在日本稱為「鬼孑孓」，會游泳。

▲蚊子的蛹。

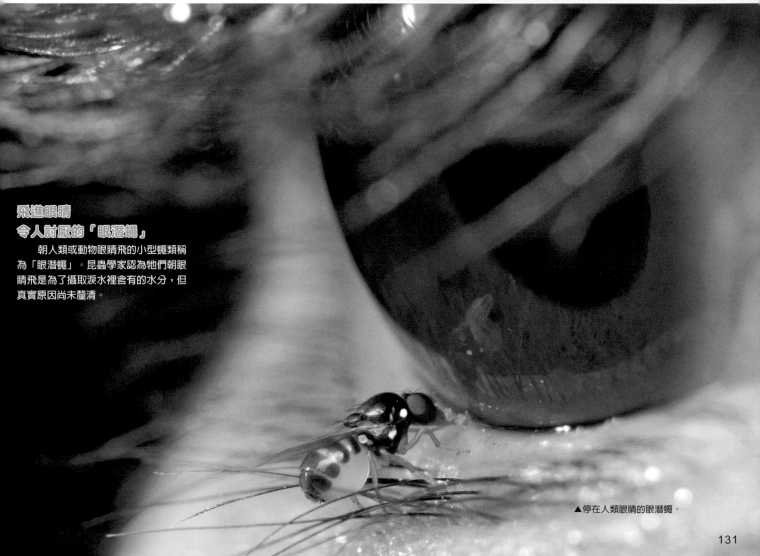

## 飛進眼睛
## 令人討厭的「眼潛蠅」

朝人類或動物眼睛飛的小型蠅類稱為「眼潛蠅」。昆蟲學家認為牠們朝眼睛飛是為了攝取淚水裡含有的水分，但真實原因尚未釐清。

▲停在人類眼睛的眼潛蠅。

# 蠅、虻及蚊類

蠅與虻類都擁有大大的複眼，觸角也變得很短。前翅很發達，後翅退化成「平均棍」，是用來維持身體平衡的器官。蚊和大蚊族群的特徵是身體細長，後翅也退化了。

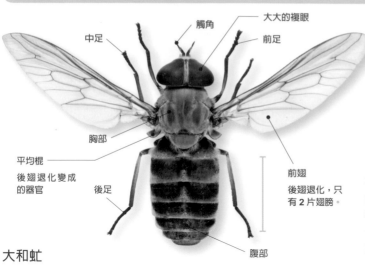

觸角
大大的複眼
中足
前足
胸部
平均棍
後翅退化變成
的器官
後足
前翅
後翅退化，只
有2片翅膀。
腹部

※ ├───────┤為標註實際大小的圖示。
※ 沒有大小圖示的昆蟲代表為實體大小。

## 水虻
臉很大，身體為黑色。幼蟲棲息在池塘、沼澤和湖裡。■水虻科■14～16 mm■6～10月■本州、四國、九州、琉球群島

## 鷸虻
初春時節可在平地看見其停在樹幹上的模樣。■鷸虻科■8～11mm■4～7月■本州

## 大和虻
雌蟲吸人類與家畜的血，有時也會聚集在雜樹林吸食樹液。幼蟲棲息在樹林中溼氣較少的腐葉土中。■虻科■20 mm左右■7～9月■北海道～九州

## 黃巨虻
常見於山區，雌蟲吸鹿、家畜和人類的血液。■虻科■25～33 mm■6～9月■北海道～九州、琉球群島

## 食蚜蠅
成蟲群聚於花朵，幼蟲棲息於下水道。由於幼蟲有一條長尾般的呼吸管，因此稱為「鼠尾蛆」。■食蚜蠅科■14～16 mm■3～12月■北海道～琉球群島

## 狹帶條胸蚜蠅
成蟲群聚於花朵上。■食蚜蠅科■12～14 mm■3～11月■北海道～九州

## 中華單羽食蟲虻
可在平地陽光充足處看見其身影，捕食小昆蟲。■食蟲虻科■20～29 mm■6～9月■本州、四國、九州、琉球群島

## 日本食蟲虻
常見於平地和低山區林地，成蟲和幼蟲都吃小型昆蟲。■食蟲虻科■21～27 mm■5～8月■本州、四國、九州、琉球群島

## 天鵝絨吊虻
口器很長，可邊飛邊吸食花蜜。幼蟲寄生在地花蜂身上。■蜂虻科■8～12 mm■3～6月■北海道～九州

## 中華寄蠅
聚集在各種花朵上，寄生在 *Menida scotti* 等椿象身上。■寄生蠅科■8～12 mm■7～10月■北海道、本州、四國

## 黃糞蠅
成蟲捕食小型昆蟲，幼蟲在堆肥中長大。■糞蠅科■10 mm左右■3～12月■北海道～琉球群島

## 日本斑虻
■虻虻科■14 mm左右■夏■本州、四國

## 寬胸麗蠅
冬天常在陽光充足處發現其身影，幼蟲在動物屍體和糞便上長大。■麗蠅科■10～12 mm■全年■北海道～琉球群島

## 亮綠蠅
幼蟲在動物屍體、糞便和垃圾場長大。■臭虻科■6～10 mm■5～10月■北海道～琉球群島

### 家蠅

常見於民宅和家畜小屋，幼蟲在垃圾堆和家畜糞便中長大。■家蠅科■6～8 mm■全年■北海道～琉球群島

### 遊蕩肉蠅

雌蟲不產卵，而是直接產下幼蟲。幼蟲在動物屍體、糞便和垃圾堆中長大。■麻蠅科■9～11 mm■5～9 月■北海道～琉球群島

### 柄眼蠅

形狀十分奇特，感覺像是眼睛往外彈出。■柄眼蠅科■5 mm左右■4～7 月■石垣島、西表島

### 斑翅鱉蠅

常見於水邊的雜樹林，群聚於樹液處。幼蟲在動物糞便中長大。■鱉蠅科■10～19 mm■4～11 月■本州、四國、九州、琉球群島

### 紅胸毛蚋

雄蟲成群飛翔，幼蟲吃落葉。■毛蚋科■10～11 mm■3～6 月■北海道～琉球群島

### 怒寄蠅

幼蟲寄生在蝴蝶與蛾身上。■寄生蠅科■12～16 mm■4～10 月■北海道～九州

### 白斑蛾蚋

常見於浴室和廁所，在浴缸下的汙水長大。■蛾蚋科■4 mm左右■本州、四國、九州

### 斑翅大蚊

常見於山區。■大蚊科■30～40 mm■本州、四國、九州

### 黑腹果蠅

成蟲群聚於腐壞的果實和蔬菜，幼蟲也在相同環境長大。■果蠅科■2 mm左右■全年■北海道～琉球群島

### 圓坑渚蠅

常見於農田、小河等有水的地方，以螳螂般的前足捕食小型昆蟲。■水蠅科■3～4 mm■本州（中部地方以西）、四國、九州、琉球群島

### 黑翅蕈蠅

■黑翅蕈蚋科■6 mm左右■5 月前後■北海道、本州、四國

### 紅裸須搖蚊

群聚於民宅燈光下。幼蟲棲息在水池和沼澤泥壤裡，稱為「紅筋蟲」，是釣魚時常用的魚餌。■搖蚊科■6 mm左右■10～11 月■北海道～琉球群島

### 白線斑蚊

雌蚊白天活動吸血，幼蟲在小水塘長大。■蚊科■5 mm左右■5～11 月■本州、四國、九州、琉球群島

### 淡色庫蚊

常見於民宅，雌蚊吸食鳥類和人類的血液。■蚊科■5 mm左右■3～11 月■北海道～九州、琉球群島

### 腳斑蚋

雌蟲吸食人類和家畜的血液，幼蟲棲息在山區溪流。腳斑蚋蜇人後，患部會嚴重紅腫。■蚋科■4 mm左右■本州～九州、琉球群島

### 日本呼蚊

喜歡待在陰暗處，雌蚊會吸血。幼蟲生長在各種水塘。■蚊科■5 mm■北海道～琉球群島

### 巨大蚊

日本最大的蚊類。■大蚊科■30～38 mm■本州、四國、九州

小常識 部分蠅類昆蟲不產卵，而是直接生下幼蟲，麻蠅族群、家蠅與麗蠅就是最好的例子。

# 脈翅類、廣翅類等昆蟲

脈翅目昆蟲的特徵是翅膀很大，身體細長。前翅與後翅形狀相同。黃石蛉的幼蟲棲息在水中，蟻蛉與草蛉族群的幼蟲在陸地生活。幼蟲會化蛹，羽化成帶翅膀的成蟲。

捕食螞蟻的蟻蛉幼蟲。

### 蟻蛉的幼蟲稱為「蟻獅」

蟻蛉幼蟲稱為「蟻獅」，在地上挖一處研磨缽形狀的巢穴住在裡面。等螞蟻之類的小蟲靠近就會陷入沙子裡，無法掙脫。埋伏在巢穴裡的蟻獅就能享用一頓美味大餐。

### 在空中翩翩飛舞的成蟲

羽化後的成蟲模樣，長得與幼蟲完全不同。成蟲擁有 2 對大翅膀，能在空中翩翩飛舞。外觀很像蜻蜓，但無法像蜻蜓飛得那麼敏捷。

▲翩翩飛舞的蟻蛉

▼捕捉到白尾紅蚜的草蛉幼蟲（蚜獅）。

### 產卵在葉子上的草蛉

　　草蛉類產卵在葉子背面，用一根類似細線的絲將卵掛在葉子背面。草蛉的卵稱為「優曇婆羅花」，名字來自印度傳說中每 3000 年開一次的夢幻花朵。

▲草蛉的卵。

### 黃石蛉的幼蟲
### 又稱為「水蜈蚣」

　　魚蛉科昆蟲的幼蟲棲息在水中，由於外型很像蜈蚣，因此又稱「水蜈蚣」。擁有銳利的大顎，會捕食其他昆蟲。此外，黃石蛉的蛹會動，伸手觸摸也可能會被咬。

▼黃石蛉的幼蟲。

# 脈翅類、廣翅類等昆蟲

脈翅目昆蟲的外型近似蜻蜓，靜止時翅膀會摺起來，收在背上。蝶角蛉族群的觸角很長。黃石蛉成蟲擁有銳利的大顎。盲蛇蛉的頭部與胸部很長，身體構造十分特別。

※ 本頁標本為實體大小。

## 蟻蛉
幼蟲稱為蟻獅，在地上挖一個研磨缽形狀的陷阱，自己待在底部，等著昆蟲掉下來。■蟻蛉科■35～50 mm■6～9月■北海道～九州、沖繩島■螞蟻等小型昆蟲

## 日本蝶角蛉
白天在草原上四處飛舞。■蝶角蛉科■20～25 mm■5～8月■本州、九州■小型昆蟲

## 松村娜草蛉
成蟲白天的活動力不強，晚上會飛向燈光處。■草蛉科■20～25 mm■5～9月■本州、四國、九州■蚜蟲

## 寬翅草蛉
棲息在山區森林中，晚上會飛向燈光處。■翼蛉科■25～30 mm■4～9月■北海道～九州■小型昆蟲

## 蝶角蛉
外型很像蜻蜓，長長的觸角是其特色所在。晚上會飛向燈光處。■蝶角蛉科■35～40 mm■5～9月■本州、四國、九州■小型昆蟲

## 日本螳蛉
孵化後的幼蟲四處行走，緊貼在蜘蛛腹部。之後寄生在蜘蛛的卵囊，變態成蛆的模樣（稱為過變態）。成蟲會使用類似螳螂的前足，捕食昆蟲。■螳蛉科■7～20 mm■6～8月■北海道～九州■蜘蛛卵

## 斑翅魚蛉
成蟲為夜行性，具有趨光性。雄蟲觸角宛如梳子。■魚蛉科■30～50 mm■3～10月■石垣島、西表島■水生昆蟲的幼蟲

## 日本盲蛇蛉
棲息在海岸的松樹林，幼蟲藏身在樹皮下，捕食小型昆蟲。■盲蛇蛉科■8～10 mm■5～8月■本州、四國、九州■白蟻之類的小型昆蟲

## 古北泥蛉
幼蟲棲息在水池與緩流河川等處，成蟲白天在草叢間飛行。■泥蛉科■12～15 mm■6～7月■北海道■水生昆蟲的幼蟲

## 黃石蛉
棲息在緩流河川的幼蟲稱為「水蜈蚣」或「蛇蜻蛉」，成蟲為夜行性，晚上會飛向燈光處。■魚蛉科■45～55 mm■6～8月■北海道～九州■水生昆蟲的幼蟲

　■科　■前翅長　■成蟲活躍的主要時期　■分布　■幼蟲的食物

# 毛翅目昆蟲

毛翅目昆蟲的翅膀與全身都長毛，幼蟲棲息在水中，從口中吐絲固定沙子或葉子做巢。

### 葦枝石蠶
幼蟲會切割水中的落葉，連在一起做成一個可移動的巢，棲息在池塘或沼澤的岸邊。成蟲晚上會飛向燈光處。■沼石蛾科■ 20 ～ 25 mm ■ 4 ～ 8 月■北海道～九州■水中的小動物

▲斑紋角石蛾的幼蟲在水中做巢。

### 豔色褐紋石蛾
幼蟲住在利用落葉做出的筒狀巢穴，棲息在緩流河川。成蟲晚上會飛向燈光處。■石蛾科■ 30 ～ 40 mm ■ 5 ～ 10 月■北海道～九州■水中的小動物

# 長翅目昆蟲

長翅目昆蟲擁有長腿和細長的身體。雄蟲靜止時會翹起長長的腹部末端，宛如蠍子。

▶蚊蠍蛉族群的雄蟲（上）會送食物給雌蟲（下）。

### 蚊蠍蛉
棲息在樹林中，以前足垂掛在樹枝前端，再用前端像鐮刀的中足和後足，捕食飛行的昆蟲。■蚊蠍蛉科■ 20 ～ 25 mm ■ 6 ～ 7 月■本州（關東地方、中部地方）■昆蟲類

### 日本蠍蛉
棲息在低地到山區的樹林邊緣，體型大小、顏色和翅膀模樣產生許多變異。■蠍蛉科■ 13 ～ 20 mm ■ 4 ～ 6 月、7 ～ 10 月■北海道（南部）～九州■昆蟲類

# 蚤目昆蟲

蚤類昆蟲很小，沒有翅膀。後足發達，可以跳很高。以長口器刺入鳥類和哺乳類動物的皮膚吸血。

### 貓蚤
除了狗與貓之外，也會吸人血。■蚤科■體長 2 ～ 3 mm ■全年■北海道～琉球群島■吸食狗、貓與人類的血液

### 人蚤
吸食人類與其他哺乳類動物的血。■蚤科■體長 2 ～ 3 mm ■全年■北海道～琉球群島■人類的血液

---

**專欄** 寄生在昆蟲上的昆蟲 — 捻翅蟲

捻翅蟲族群會寄生在蜜蜂、螳螂、椿象等其他昆蟲，在其體內生活。雄蟲和雌蟲的身體結構截然不同。雄蟲前翅退化，後翅呈現反轉模樣；雌蟲沒有翅膀，外型看起來像蛆。目前昆蟲學家尚未釐清，是否有其他哪個族群的昆蟲與捻翅蟲這類奇妙的昆蟲相近？

退化的前翅

♂

♀

▲寄生在長蝽科昆蟲的擬櫛角捻翅蟲。（體長 2mm）

---

# 蜻蛉類

蜻蛉類擁有細長的身體和長長的翅膀，頭部有一對很大的複眼。稚蟲稱為「水蠆」，棲息在水中。蜻蛉不會化蛹，且會重複蛻皮，最後變成有翅膀的成蟲。日本約有 190 種。

▼咬住焰紅蜻蜓的白尾灰蜻蜓。

## 兇猛的獵人

蜻蜓會捕食其他昆蟲，先以帶刺的腳抓住獵物，再用銳利的下顎緊咬獵物。

## 高速飛翔的飛行達人

蜻蜓的 4 片翅膀可分開活動，展現卓越的飛行技巧。不僅飛得快，還能停在空中（懸停）與倒退。出色的飛行能力，搭配大複眼帶來的絕佳視力，使其可以一邊飛行一邊捕捉昆蟲。

▲飛行中的無霸勾蜓。

138

▲交配中的豆娘 *Enallagma circulatum*。

▼無霸勾蜓產卵

▼伸出下唇捕捉小魚的綠胸晏蜓稚蟲（水蠆）。

## 交配時呈現愛心圖案

　　蜻蛉目昆蟲的雄蟲和雌蟲生殖器長在不同地方，雄蟲生殖器在腹部前端，雌蟲在腹部末端。交配時雄蟲用腹部末端抓住雌蟲頭部，方便雙方生殖器交合，這個姿勢看起來就像是一個愛心圖案。交配結束後，雌蟲會在水面或水邊草叢中產卵。

## 在水中長大的稚蟲「水蠆」

　　蜻蛉目昆蟲的稚蟲稱為水蠆，在水中長大。水蠆的呼吸器官為「鰓」，可在水中呼吸，捕食小魚或蟲類。長大的水蠆會爬上樹枝或草，羽化成帶有翅膀的成蟲。

▲正在羽化的綠胸晏蜓。

▲剛完成羽化的綠胸晏蜓。

# 豆娘類昆蟲

前翅與後翅的形狀幾乎相同，飛行速度緩慢。身體相當細長，左右兩邊的複眼距離很遠。稚蟲體型細長，鰓裸露在腹部末端之外。

※ ├────┤為標註實際大小的圖示。
※ 沒有大小圖示的昆蟲代表為實體大小。

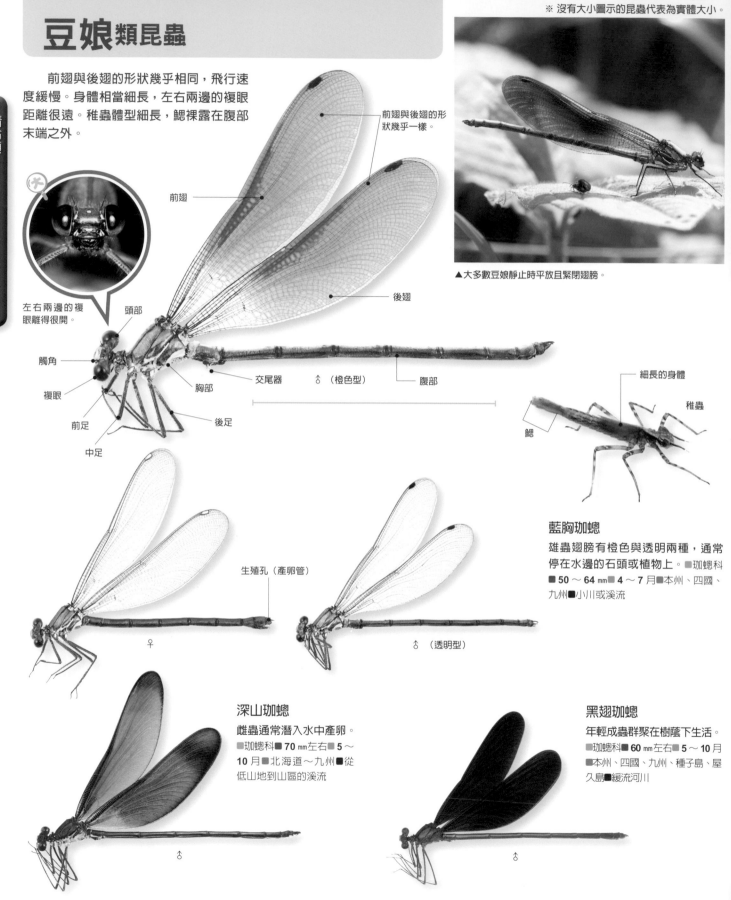

左右兩邊的複眼離得很開。

前翅與後翅的形狀幾乎一樣。

前翅

後翅

頭部

觸角

複眼

前足

中足

胸部

後足

交尾器

腹部

♂（橙色型）

▲大多數豆娘靜止時平放且緊閉翅膀。

細長的身體

稚蟲

鰓

生殖孔（產卵管）

♀

♂（透明型）

**藍胸珈蟌**
雄蟲翅膀有橙色與透明兩種，通常停在水邊的石頭或植物上。■珈蟌科■ 50 ～ 64 mm■ 4 ～ 7 月■本州、四國、九州■小川或溪流

**深山珈蟌**
雌蟲通常潛入水中產卵。■珈蟌科■ 70 mm左右■ 5 ～ 10 月■北海道～九州■從低山地到山區的溪流

♂

**黑翅珈蟌**
年輕成蟲群聚在樹蔭下生活。■珈蟌科■ 60 mm左右■ 5 ～ 10 月■本州、四國、九州、種子島、屋久島■緩流河川

♂

■科 ■體長 ■成蟲活躍的主要時期 ■分布 ■棲息地

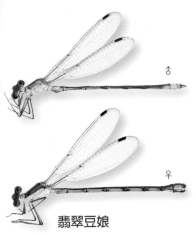

### 翡翠豆娘

靜止時翅膀張開。■絲蟌科
■40 mm左右■5 ～ 11 月■北海
道～九州■日照充足、植物豐
富的池塘

### 小笠原絲蟌 瀕危物種

產卵在長出水面的樹枝或葉子。只棲息在
小笠原群島，面臨絕種危機，因此積極推
動保育措施。■絲蟌科■46 mm左右■全年■小
笠原諸島（父島列島）■樹林圍繞的池塘與小
河積水處

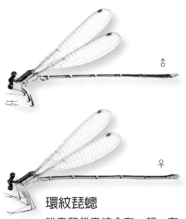

### 環紋琵蟌

雄蟲和雌蟲結合在一起，在
水生植物產卵。腹部有像尺
一樣的刻度模樣。■琵蟌科■
45 mm左右■5 ～ 10 月■北海
道～九州■有樹蔭的池塘

### 奇異赭絲蟌

夏天羽化，活到隔年初夏，
因此幾乎一整年都能看見其
身影。■絲蟌科■40 mm左右■
7 月～隔年 6 月■北海道～九州
■植物豐富的池塘與溼地

### 白扇蟌 瀕危物種

雄蟲的某些腳呈扇狀，用來
向雌蟲求偶。■琵蟌科■37 mm
左右■5 ～ 8 月■本州、四國、
九州■緩流河川

稚蟲

### 葦笛細蟌

通常停在漂浮水面的水草，雄蟲和雌蟲結
合產卵。■細蟌科■32 mm左右■4 ～ 10 月■
北海道～九州■植物豐富的池塘

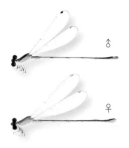

### 亞東細蟌

潛藏在岸邊草叢。■細蟌科
■28 mm左右■4 ～ 11 月■北海
道～琉球群島■植物豐富的池
塘與溼地

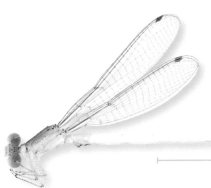

### 黃腹細蟌

雄蟲和雌蟲在水面上連結產卵，
常吃小型蜘蛛或其他種類的蜻
蜓。■細蟌科■36 mm左右■5 ～ 9
月■本州、四國、九州、屋久島■植
物豐富的池塘與溼地

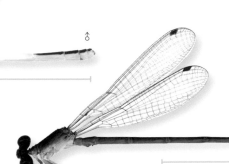

### 朱紅細蟌 珍稀種

棲息在植物豐富、有樹蔭的池塘，雄蟲和雌蟲
在連結狀態下產卵。■細蟌科■38 mm左右■5 ～
10 月■本州、四國、九州

---

**Q** **A** Q: 有冬天活動的蜻蛉目昆蟲嗎？　　A: 奇異赭絲蟌會以成蟲型態過冬，因此一整年都能看見這類昆蟲。

# 間翅亞目、春蜓科近緣種類

間翅亞目昆蟲保留著過去蜻蜓的身體特徵，前翅與後翅形狀相同，左右複眼離得較開。春蜓科族群的複眼略小，胸部和腹部帶有黃色圖樣，是其特色所在。

▲靜止時翅膀閉合，掛在植物上。

※ ├────┤為標註實際大小的圖示。
※ 沒有大小圖示的昆蟲代表為實體大小。

前翅與後翅形狀相同。

左右複眼離得較開。

♂

**珍稀種**
## 螅蜓
雄蟲在河川上迅速飛舞，尋找雌蟲。雌蟲在河邊植物產卵。■螅蜓科 ■ 50 mm ■ 4 ～ 6 月■北海道～九州■山地溪流

稚蟲

▲棲息在乾淨的溪流。

後翅比較大。

## 日本古蜓
喜歡待在日照良好的地方，稚蟲在潮溼的泥土挖洞居住。■古蜓科 ■ 65 mm ■ 4 ～ 7 月■本州、九州■丘陵與山地較潮溼的地方、溼地

左右複眼離得較開。

稚蟲

▲在潮溼的青苔挖洞。半水生。

♀

▲靜止時翅膀張開。

■科 ■體長 ■成蟲活躍的主要時期 ■分布 ■棲息地

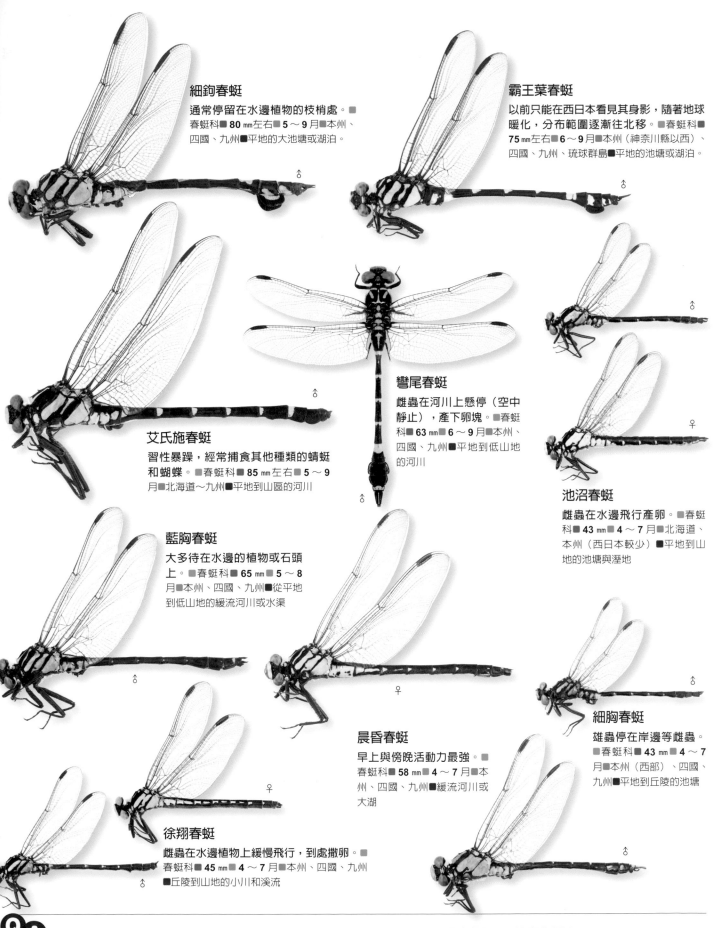

**細鉤春蜓**
通常停留在水邊植物的枝梢處。■春蜓科■80 mm左右■5～9月■本州、四國、九州■平地的大池塘或湖泊。

**霸王葉春蜓**
以前只能在西日本看見其身影，隨著地球暖化，分布範圍逐漸往北移。■春蜓科■75 mm左右■6～9月■本州（神奈川縣以西）、四國、九州、琉球群島■平地的池塘或湖泊。

♂

**艾氏施春蜓**
習性暴躁，經常捕食其他種類的蜻蜓和蝴蝶。■春蜓科■85 mm左右■5～9月■北海道～九州■平地到山區的河川

**彎尾春蜓**
雌蟲在河川上懸停（空中靜止），產下卵塊。■春蜓科■63 mm■6～9月■本州、四國、九州■平地到低山地的河川

♀

**池沼春蜓**
雌蟲在水邊飛行產卵。■春蜓科■43 mm■4～7月■北海道、本州（西日本較少）■平地到山地的池塘與溼地

**藍胸春蜓**
大多待在水邊的植物或石頭上。■春蜓科■65 mm■5～8月■本州、四國、九州■從平地到低山地的緩流河川或水渠

♂

♀

**晨昏春蜓**
早上與傍晚活動力最強。■春蜓科■58 mm■4～7月■本州、四國、九州■緩流河川或大湖

**細胸春蜓**
雄蟲停在岸邊等雌蟲。■春蜓科■43 mm■4～7月■本州（西部）、四國、九州■平地到丘陵的池塘

♂

**徐翔春蜓**
雌蟲在水邊植物上緩慢飛行，到處撒卵。■春蜓科■45 mm■4～7月■本州、四國、九州■丘陵到山地的小川和溪流

♂

♂

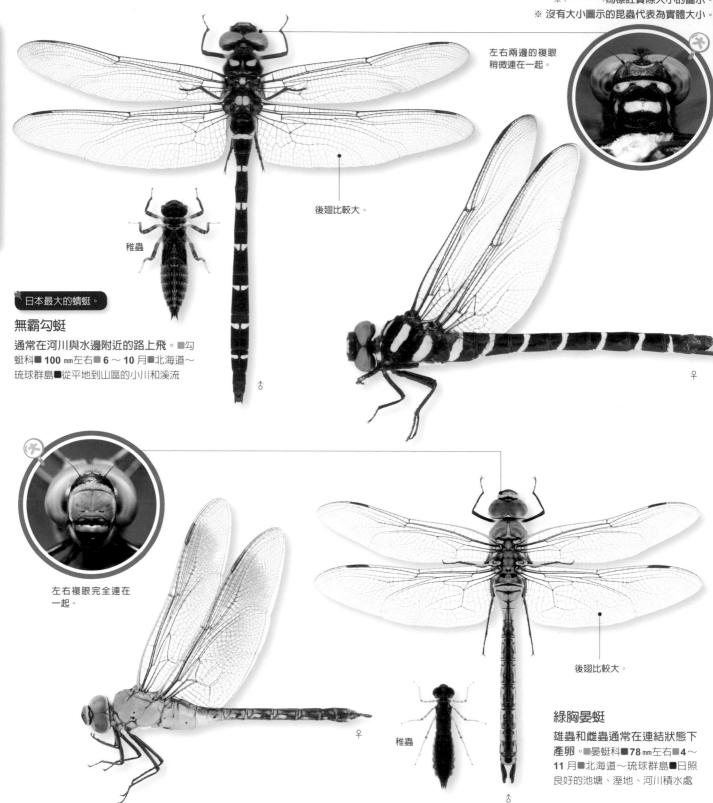

# 晏蜓、無霸勾蜓類

晏蜓類屬於大型蜻蜓，左右兩個大複眼連在一起。無霸勾蜓的黑色身體上有黃色圖案，體型很大，左右兩邊的複眼稍微連在一起。

※ ├────┤ 為標註實際大小的圖示。
※ 沒有大小圖示的昆蟲代表為實體大小。

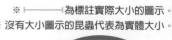

左右兩邊的複眼稍微連在一起。

後翅比較大。

稚蟲

日本最大的蜻蜓。

### 無霸勾蜓
通常在河川與水邊附近的路上飛。■勾蜓科■100 mm左右■6～10 月■北海道～琉球群島■從平地到山區的小川和溪流

♀

左右複眼完全連在一起。

♀

後翅比較大。

稚蟲

### 綠胸晏蜓
雄蟲和雌蟲通常在連結狀態下產卵。■晏蜓科■78 mm左右■4～11 月■北海道～琉球群島■日照良好的池塘、溼地、河川積水處

♂

蜻蛉類

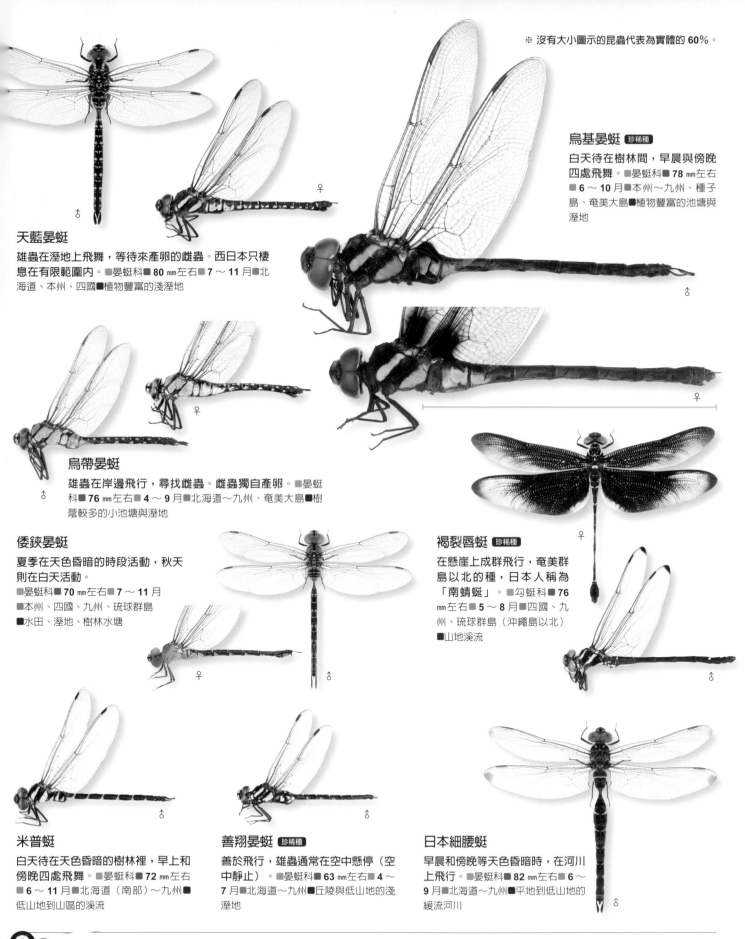

※ 沒有大小圖示的昆蟲代表為實體的 60%。

**烏基晏蜓** 珍稀種

白天待在樹林間，早晨與傍晚四處飛舞。■晏蜓科■78 mm左右■6 ～ 10 月■本州～九州、種子島、奄美大島■植物豐富的池塘與溼地

♂

♀

**天藍晏蜓**

雄蟲在溼地上飛舞，等待來產卵的雌蟲。西日本只棲息在有限範圍內。■晏蜓科■80 mm左右■7 ～ 11 月■北海道、本州、四國■植物豐富的淺溼地

♀

**烏帶晏蜓**

雄蟲在岸邊飛行，尋找雌蟲。雌蟲獨自產卵。■晏蜓科■76 mm左右■4 ～ 9 月■北海道～九州、奄美大島■樹蔭較多的小池塘與溼地

♂

**倭鋏晏蜓**

夏季在天色昏暗的時段活動，秋天則在白天活動。
■晏蜓科■70 mm左右■7 ～ 11 月
■本州、四國、九州、琉球群島
■水田、溼地、樹林水塘

♀

♂

**褐裂唇蜓** 珍稀種

在懸崖上成群飛行，奄美群島以北的種，日本人稱為「南蜻蜓」。■勾蜓科■76 mm左右■5 ～ 8 月■四國、九州、琉球群島（沖繩島以北）■山地溪流

♀

♂

**米普蜓**

白天待在天色昏暗的樹林裡，早上和傍晚四處飛舞。■晏蜓科■72 mm左右■6 ～ 11 月■北海道（南部）～九州■低山地到山區的溪流

♂

**善翔晏蜓** 珍稀種

善於飛行，雄蟲通常在空中懸停（空中靜止）。■晏蜓科■63 mm左右■4 ～ 7 月■北海道～九州■丘陵與低山地的淺溼地

♂

**日本細腰蜓**

早晨和傍晚等天色昏暗時，在河川上飛行。■晏蜓科■82 mm左右■6 ～ 9 月■北海道～九州■平地到低山地的緩流河川

♂

# 蜻蛉目、弓蜓科近緣種類

蜻蛉目昆蟲的特徵是擁有大複眼，和又粗又短的腹部。弓蜓科昆蟲的特徵是身體散發金屬光澤，左右兩邊的大複眼連在一起。

### 秋赤蜻蜓

在平地羽化的種會飛往山區度過夏季，秋季再回到平地。■蜻蜓科■40 mm左右■6～12月■北海道～九州■水田、池塘、溼地

稚蟲

※├─────┤為標註實際大小的圖示。
※ 沒有大小圖示的昆蟲代表為實體的 80%。

後翅較大。

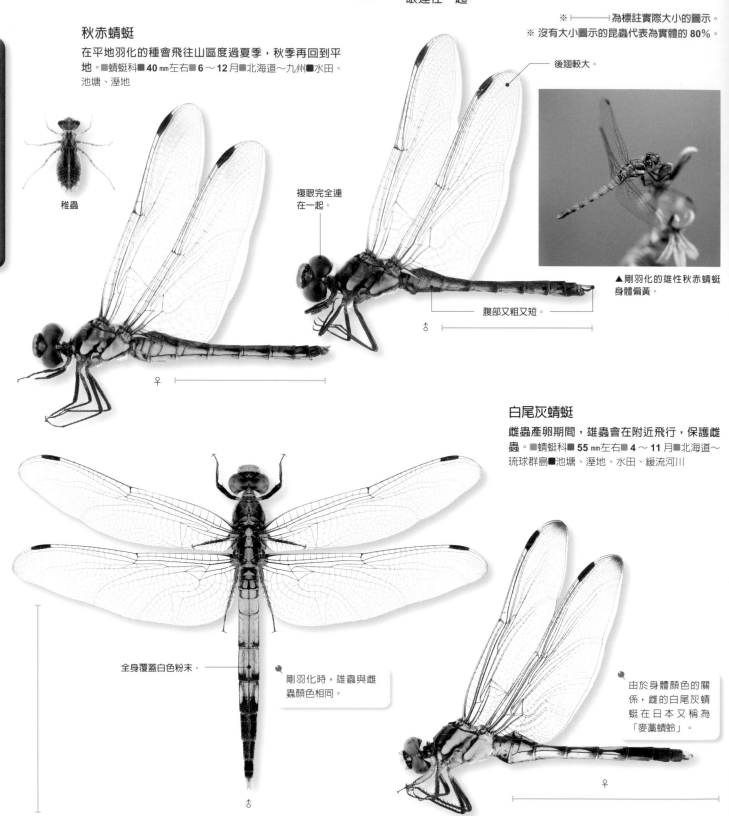

複眼完全連在一起。

腹部又粗又短。

♂

▲ 剛羽化的雄性秋赤蜻蜓身體偏黃。

♀

### 白尾灰蜻蜓

雌蟲產卵期間，雄蟲會在附近飛行，保護雌蟲。■蜻蜓科■ 55 mm左右■ 4 ～ 11 月■北海道～琉球群島■池塘、溼地、水田、緩流河川

全身覆蓋白色粉末。

剛羽化時，雄蟲與雌蟲顏色相同。

♂

由於身體顏色的關係，雌的白尾灰蜻蜓在日本又稱為「麥藁蜻蛉」。

♀

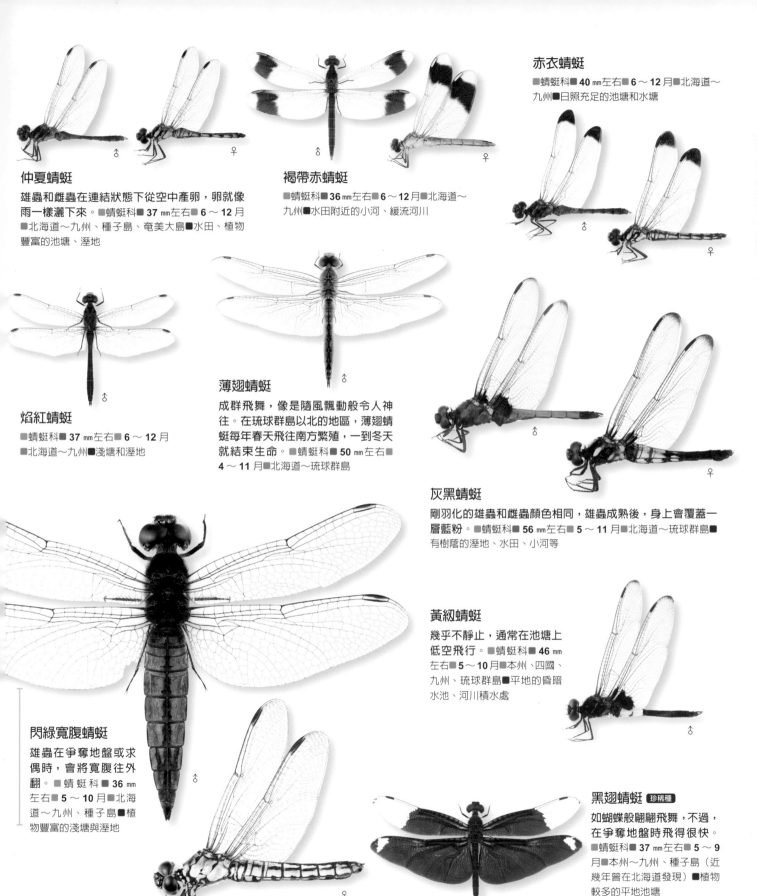

### 仲夏蜻蜓
雄蟲和雌蟲在連結狀態下從空中產卵，卵就像雨一樣灑下來。■蜻蜓科■ 37 mm左右■ 6 ～ 12 月■北海道～九州、種子島、奄美大島■水田、植物豐富的池塘、溼地

### 褐帶赤蜻蜓
■蜻蜓科■ 36 mm左右■ 6 ～ 12 月■北海道～九州■水田附近的小河、緩流河川

### 赤衣蜻蜓
■蜻蜓科■ 40 mm左右■ 6 ～ 12 月■北海道～九州■日照充足的池塘和水塘

### 焰紅蜻蜓
■蜻蜓科■ 37 mm左右■ 6 ～ 12 月■北海道～九州■淺塘和溼地

### 薄翅蜻蜓
成群飛舞，像是隨風飄動般令人神往。在琉球群島以北的地區，薄翅蜻蜓每年春天飛往南方繁殖，一到冬天就結束生命。■蜻蜓科■ 50 mm左右■ 4 ～ 11 月■北海道～琉球群島

### 灰黑蜻蜓
剛羽化的雄蟲和雌蟲顏色相同，雄蟲成熟後，身上會覆蓋一層藍粉。■蜻蜓科■ 56 mm左右■ 5 ～ 11 月■北海道～琉球群島■有樹蔭的溼地、水田、小河等

### 黃紉蜻蜓
幾乎不靜止，通常在池塘上低空飛行。■蜻蜓科■ 46 mm左右■ 5 ～ 10 月■本州、四國、九州、琉球群島■平地的昏暗水池、河川積水處

### 閃綠寬腹蜻蜓
雄蟲在爭奪地盤或求偶時，會將寬腹往外翻。■蜻蜓科■ 36 mm左右■ 5 ～ 10 月■北海道～九州、種子島■植物豐富的淺塘與溼地

### 黑翅蜻蜓 珍稀種
如蝴蝶般翩翩飛舞，不過，在爭奪地盤時飛得很快。■蜻蜓科■ 37 mm左右■ 5 ～ 9 月■本州～九州、種子島（近幾年曾在北海道發現）■植物較多的平地池塘

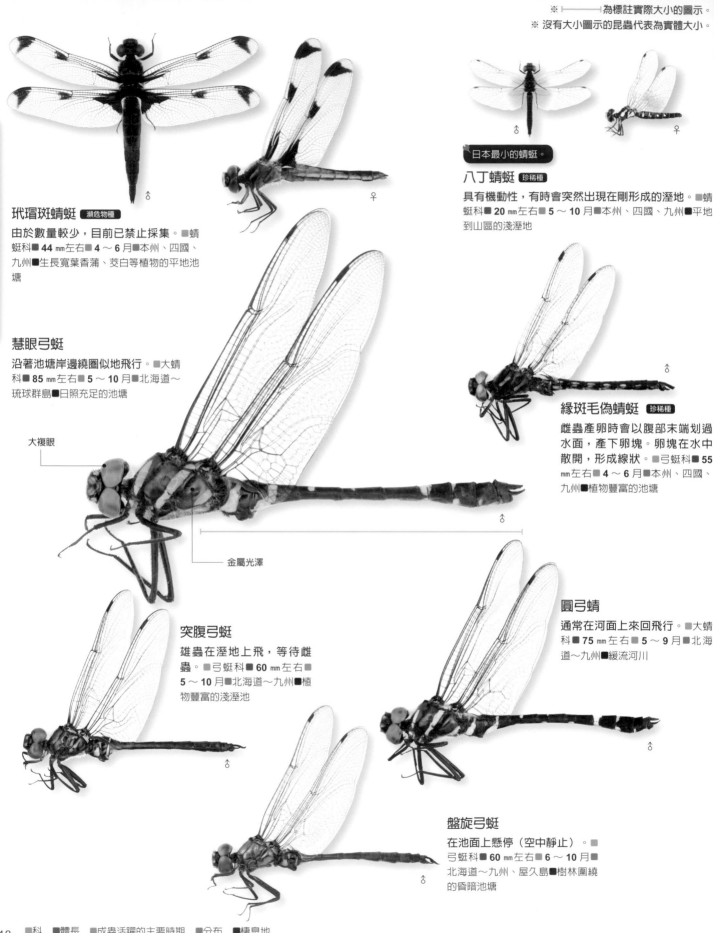

**玳瑁斑蜻蜓** 瀕危物種

由於數量較少，目前已禁止採集。■蜻蜓科■**44** mm左右■**4～6** 月■本州、四國、九州■生長寬葉香蒲、茭白等植物的平地池塘

日本最小的蜻蜓。

**八丁蜻蜓** 珍稀種

具有機動性，有時會突然出現在剛形成的溼地。■蜻蜓科■**20** mm左右■**5～10** 月■本州、四國、九州■平地到山區的淺溼地

**慧眼弓蜓**

沿著池塘岸邊繞圈似地飛行。■大蜻科■**85** mm左右■**5～10** 月■北海道～琉球群島■日照充足的池塘

大複眼

金屬光澤

**緣斑毛偽蜻蜓** 珍稀種

雌蟲產卵時會以腹部末端划過水面，產下卵塊。卵塊在水中散開，形成線狀。■弓蜓科■**55** mm左右■**4～6** 月■本州、四國、九州■植物豐富的池塘

**突腹弓蜓**

雄蟲在溼地上飛，等待雌蟲。■弓蜓科■**60** mm左右■**5～10** 月■北海道～九州■植物豐富的淺溼池

**圓弓蜻**

通常在河面上來回飛行。■大蜻科■**75** mm左右■**5～9** 月■北海道～九州■緩流河川

**盤旋弓蜓**

在池面上懸停（空中靜止）。■弓蜓科■**60** mm左右■**6～10** 月■北海道～九州、屋久島■樹林圍繞的昏暗池塘

蜻蛉類

■科　■體長　■成蟲活躍的主要時期　■分布　■棲息地

# 全球蜻蛉目昆蟲

蜻蛉類主要棲息在溫暖地區，全世界約 **5000** 種。稚蟲生長在水中，因此可在池塘、河川等離水較近的地方看見其蹤影。有些種類體型較大，有些則擁有美麗的翅膀。

※ 本頁標本為實體大小。

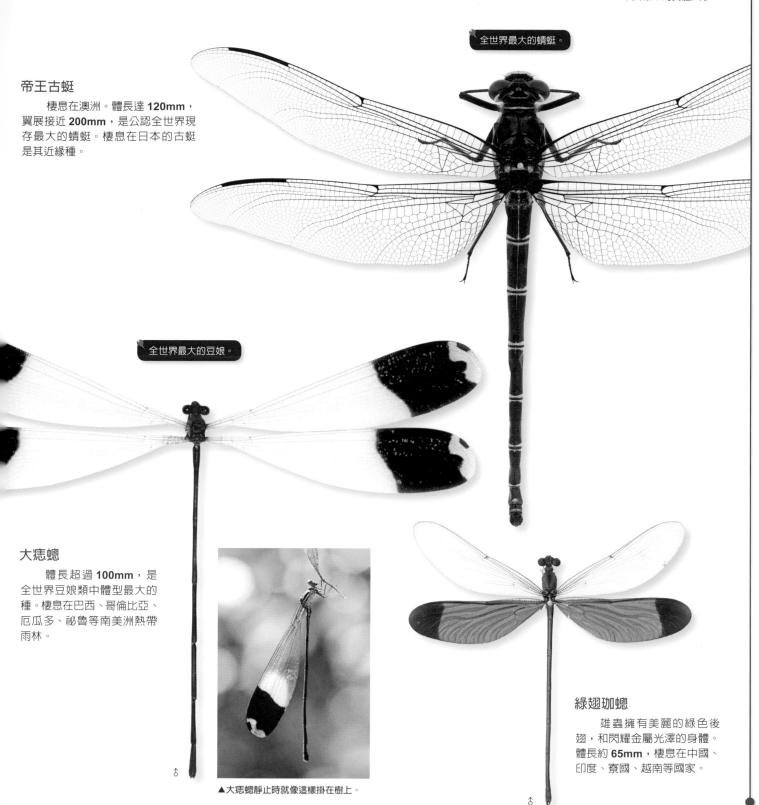

全世界最大的蜻蜓。

### 帝王古蜓

棲息在澳洲。體長達 **120mm**，翼展接近 **200mm**，是公認全世界現存最大的蜻蜓。棲息在日本的古蜓是其近緣種。

全世界最大的豆娘。

### 大痣蟌

體長超過 **100mm**，是全世界豆娘類中體型最大的種。棲息在巴西、哥倫比亞、厄瓜多、祕魯等南美洲熱帶雨林。

▲大痣蟌靜止時就像這樣掛在樹上。

### 綠翅珈蟌

雄蟲擁有美麗的綠色後翅，和閃耀金屬光澤的身體。體長約 **65mm**，棲息在中國、印度、寮國、越南等國家。

# 蜉蝣目昆蟲

在有翅膀的昆蟲中，蜉蝣目是最原始的類群。前翅很大、後翅很小，有些種的後翅已經退化。通常帶有 2 條或 3 條長長的尾毛。

▼一起飛行的希氏埃蜉。

▲棲息在水中的太扁蜉。

▲在水中羽化的扁蜉稚蟲。

## 一起羽化
## 填滿整片夜空

剛羽化的蜉蝣生命極為短暫，有些種只能存活幾個小時。許多蜉蝣一起羽化，大規模出現時，如果有汽車壓過滿地蜉蝣，很可能導致車禍意外。

## 稚蟲在水中生活，經過二次羽化

蜉蝣稚蟲棲息在水中，有鰓，可在水中呼吸。稚蟲羽化後變成有翅膀的亞成蟲，之後再經過一次羽化，變為成蟲。成蟲口器退化，幾乎不吃任何食物。

▲從亞成蟲羽化的蜉蝣的成蟲。

成蟲

亞成蟲

### 日本蜉蝣

棲息在河川上游。稚蟲潛入河底泥沙,吃微小的有機物。■蜉蝣總科■11～14 mm■5～9 月■北海道～九州■微小的有機物

成蟲

### 綠扁蜉蝣

稚蟲棲息在河底石頭的表面,剝下附著在石頭上的藻類食用。■扁蜉總科■12～15 mm■4～10 月■北海道～琉球群島■藻類

成蟲

### 雙翼二翅蜉蝣

成蟲沒有後翅。稚蟲棲息在池塘,經常游動。■四節蜉科■8～10 mm■4～10 月■北海道～琉球群島■藻類

# 襀翅目昆蟲

　　襀翅目昆蟲的身體柔軟扁平,後翅比前翅大,有 2 條尾毛。有些種沒有翅膀。稚蟲棲息在水中,有鰓,可在水裡呼吸、

成蟲

稚蟲

### 巨跗石蠅

稚蟲棲息在河川中游、流速較高的地方,需花 1 年長至成蟲。■石蠅科■15～25 mm■5～6 月(北海道為 7 月)■北海道～九州■蜉蝣等水生昆蟲的幼蟲

成蟲

### 方節石蠅

稚蟲棲息在河川上游、流速較高的地方,成蟲具有趨光性。■石蠅科科■15～25 mm■6～9 月■北海道～九州■蜉蝣等水生昆蟲的稚蟲

成蟲

### 黑胸石蠅

稚蟲棲息在河川上游、流速較高的地方,需花 2～3 年才能長至成蟲。■石蠅科■25～40 mm■7～9 月■本州、四國、九州■蜉蝣等水生昆蟲的幼蟲

成蟲

稚蟲

### 黑翅石蠅

稚蟲棲息在河川上游、流速較緩慢的地方。■石蠅科■20～35 mm■4～6 月■本州、四國、九州■蜉蝣等水生昆蟲的幼蟲

成蟲

### 雪溪石蠅 (雪溪蟲)

成蟲沒有翅膀,冬季到早春時節,在積雪上行走。■黑石蠅科■體長 10～12 mm■1～3 月(高山至 4 月)■北海道、本州■水中落葉

■科　■前翅長　■成蟲活躍的主要時期　■分布　■幼蟲的食物

# 直翅目昆蟲

直翅目昆蟲包括蝗蟲、蟋蟀、螽斯等類，主要在草叢生活，以生長在原野與河川平原的草為食。部分蟋蟀、螽斯帶有強烈的肉食性，會吃其他昆蟲。

直
翅
目
昆
蟲

## 以後足跳躍！

直翅目昆蟲沒有武器，只有一對粗壯的後足，可以用力蹴地跳躍，避免對手攻擊。

▲跳躍的東亞飛蝗。

▼吃草的東亞飛蝗。

## 最喜歡吃草

直翅目的若蟲與成蟲都吃草，大多愛吃禾本科植物的細長葉子。蟋蟀與螽斯族群分為草食性，與吃其他昆蟲的肉食性兩種。

## 捉迷藏高手

直翅目昆蟲主要在白天活動，鳥類、蜘蛛、螳螂都是其天敵。為了逃過天敵的追捕，大多數的身體都是綠色或褐色，當牠待在雜草、土壤或石頭上，很難一眼看出。蟋蟀族群於白天藏身在石頭或落葉下，主要在夜間活動。

▲河原蝗的身體顏色近似河川平原上的石頭顏色與周遭景色。

▲完全溶入海岸沙地的濱雙針蟋。

▲將產卵管伸入地底產卵的東亞飛蝗，卵的外圍包覆著泡泡塊

## 在地底孵化
## 在草上成長

直翅目一到秋天就會開始交配產卵，卵在地底過冬，等天氣變暖，草長出來了就開始孵化。從地底出來的若蟲會脫好幾次皮，羽化為成蟲。

▲東亞飛蝗羽化的模樣。脫殼後，變成一隻有翅膀的成蟲。

## 以叫聲宣告暉族地

蟋蟀與螽斯族群從夏末到秋季，只要天色一暗就會開始發出叫聲。發出叫聲的是雄蟲的成蟲，以叫聲保護地盤，吸引雌蟲交配。叫法依目的而異，想要威嚇對方時會發出類似「嘰哩嘰哩嘰嘰」的叫聲。

▲摩擦前翅發出叫聲的鈴蟲。

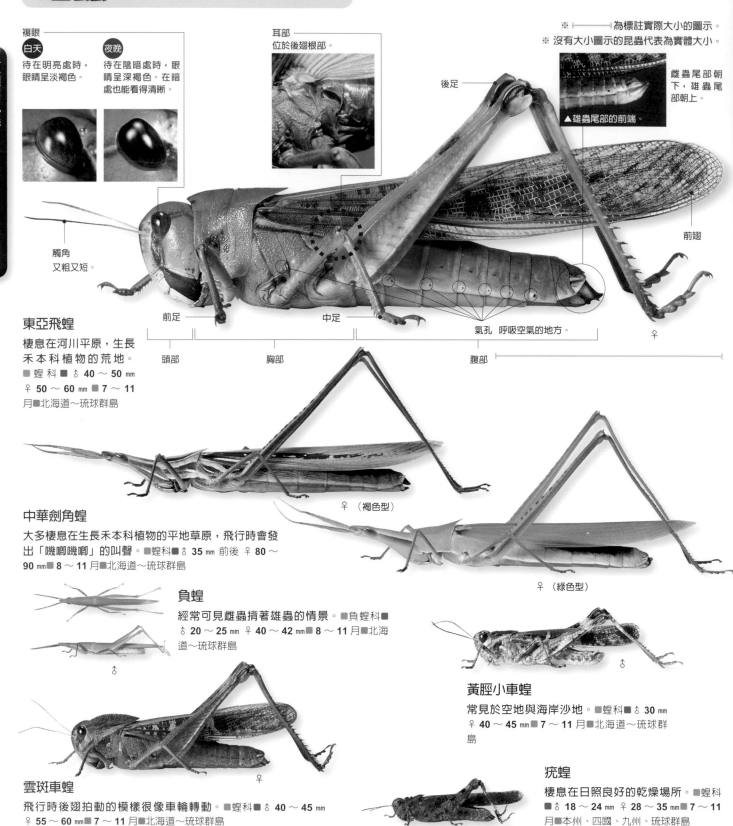

# 蝗蟲類

蝗蟲類的後足相當發達，可以跳得又高又遠。頭部很大，觸角很短，幾乎所有種類的雌蟲都比雄蟲大。

複眼
**白天**
待在明亮處時，眼睛呈淡褐色。

**夜晚**
待在陰暗處時，眼睛呈深褐色。在暗處也能看得清晰。

耳部
位於後翅根部。

※ ⊢————⊣ 為標註實際大小的圖示。
※ 沒有大小圖示的昆蟲代表為實體大小。

雌蟲尾部朝下，雄蟲尾部朝上。

▲雄蟲尾部的前端。

後足

觸角
又粗又短。

前翅

前足

中足

氣孔 呼吸空氣的地方。

♀

頭部　胸部　腹部

## 東亞飛蝗
棲息在河川平原，生長禾本科植物的荒地。
■蝗科 ■♂ 40 ～ 50 mm
♀ 50 ～ 60 mm ■7 ～ 11
月■北海道～琉球群島

## 中華劍角蝗
大多棲息在生長禾本科植物的平地草原，飛行時會發出「嘰嘟嘰嘟」的叫聲。■蝗科■♂ 35 mm 前後 ♀ 80 ～
90 mm■8 ～ 11 月■北海道～琉球群島

♀（褐色型）

♀（綠色型）

## 負蝗
經常可見雌蟲揹著雄蟲的情景。■負蝗科■
♂ 20 ～ 25 mm ♀ 40 ～ 42 mm■8 ～ 11 月■北海道～琉球群島

♂

## 黃脛小車蝗
常見於空地與海岸沙地。■蝗科■♂ 30 mm
♀ 40 ～ 45 mm■7 ～ 11 月■北海道～琉球群島

♂

## 雲斑車蝗
飛行時後翅拍動的模樣很像車輪轉動。■蝗科■♂ 40 ～ 45 mm
♀ 55 ～ 60 mm■7 ～ 11 月■北海道～琉球群島

♀

## 疣蝗
棲息在日照良好的乾燥場所。■蝗科
■♂ 18 ～ 24 mm ♀ 28 ～ 35 mm■7 ～ 11
月■本州、四國、九州、琉球群島

♀

直翅目昆蟲

## 河原蝗

棲息在河邊草原，以驚人的速度飛行。■蝗科■
♂ **20～30** mm ♀ **40～45** mm■ **8～9** 月■本州、四國、
九州、琉球群島

♀

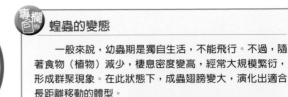

### 蝗蟲的變態

　　一般來說，幼蟲期是獨自生活，不能飛行。不過，隨
著食物（植物）減少，棲息密度變高，經常大規模繁衍，
形成群聚現象。在此狀態下，成蟲翅膀變大，演化出適合
長距離移動的體型。

▶翅膀略微變大的
東亞飛蝗。

💬 黑蝗類翅膀較短，不會飛。

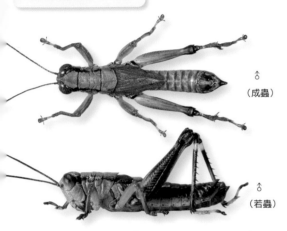

♂
（成蟲）

♂
（若蟲）

♀

## 日本蚤蝗

在河邊草原與山道沙地
挖一處隧道狀洞穴居住。
■蚤蝗科■ **3～4** mm■ **3～**
**11** 月■北海道～琉球群島

💬 蝗蟲與蟋蟀族群的若蟲與成蟲極為相似。

## 日本菱蝗

常見於民宅庭院與公園，身體顏色與圖案變化豐富。■菱蝗科■ **8～12** mm■ **4～10**
月 ■北海道～琉球群島

💬 菱蝗類的身體圖案千變萬化。

## 斑腿蝗

大多棲息在闊葉樹林，喜歡吃蜂斗菜。
■斑腿蝗科■ **25～30** mm■ **7～10** 月
■本州、四國、九州、琉球群島

💬 菱蝗科族群的身體顏色相當多樣。

## 刺菱蝗

常見於水邊或農田等較為潮溼的草地，翅膀較長，左右兩邊有刺。
■菱蝗科■ **15～20** mm■ **4～10** 月■北海道～琉球群島

♂

## 日本鳴蝗

觸角比其他蝗蟲長。■蝗科■♂ **20** mm左右 ♀ **30** mm左右
■ **6～9** 月■北海道～九州

♂

## 黑尾沼澤蝗

棲息在溼氣較高的草地，雄蟲
為黃色，雌蟲為褐色。■蝗科■
♂ **33～42** mm ♀ **45～49** mm■ **7～**
**9** 月■北海道～九州

♂

## 日本黃脊蝗

喜歡吃葛葉，以成蟲過冬。■斑腿蝗科■♂ **40**
mm左右 ♀ **50～60** mm■ **9～10** 月■本州、四國、
九州、琉球群島

♂

## 小翅稻蝗

棲息於水田，東北地方居民會以醬油、砂
糖，煮成傳統的佃煮風味。■斑腿蝗科■
**30～40** mm■ **8～11** 月■北海道～九州

♂

## 日本稻蝗

大多棲息於水田，體型比小翅稻蝗略
微纖細。■斑腿蝗科■ **35～45** mm■ **8～**
**11** 月■北海道～九州

# 螽斯類

螽斯類的若蟲喜歡吃花，長大後捕食昆蟲。大多身體較短，足和觸角較長，足部有許多刺。

▲以銳利的大顎捕食蟋蟀的螽斯。

長觸角

腳上有利刺

### 東螽斯
這是最常見的螽斯。分布在近畿地方以西的螽斯稱為西螽斯。■螽斯科■25～40 mm■6～9月■本州　啾、嘰

直翅目昆蟲帶有粉紅色的色素，有時會產生突變，生出體色偏粉紅色的後代。

### 剪蟖
身體顏色分成綠色與褐色。■螽斯科■55～65 mm■10～隔年6月■本州、四國、九州、琉球群島　唧

♂（綠色型）

♂（褐色型）

♂ 珍稀種

♀（綠色型）

♂（褐色型）

### 跳螽
偏好溼潤的短草。■螽斯科■25～30 mm■6～8月■北海道～九州　唏哩哩哩哩

### 尖頭草螽
身體顏色分成綠色與褐色。■螽斯科■40～55 mm■8～10月■北海道～九州　唧

### 日本擬矛螽
棲息在芒草等草原上。■螽斯科■65～70 mm■7～9月■本州、四國、九州　嘎

### 藪螽斯
經常可在樹上、草叢、草原看見其身影。■螽斯科■35～45 mm■6～8月■本州、四國、九州　嘰

### 黑翅細螽
棲息在華箬竹草原裡。■螽斯科■20～25 mm■8～10月■本州、四國、九州、琉球群島　唏哩唏哩唏哩

### 長瓣草螽
雌蟲有一條紅色的長產卵管。■螽斯科■25～30 mm■8～10月■本州、四國、九州、琉球群島　唏哩哩、唏哩哩

♀

### 中華草螽
棲息在低矮草原，身體顏色分成綠色與褐色。■螽斯科■25～35 mm■6～11月■北海道～九州　唏哩哩、唏哩哩

♂

■科　■全長　■成蟲活躍的主要時期　■分布　　叫聲

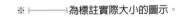

**夜螽**
外型近似黑翅細蜇，屬於夜行性，白天棲息在樹上。■螽蟴科■ 25 mm左右■ 8 月■四國

**黑角露螽**
棲息在平地到山區，足的前端為黑褐色。■螽斯科■ 30 ～ 35 mm■ 7 ～ 10 月■北海道～九州　唧嘰、唧嘰

**鎌尾露螽**
喜歡質地潤澤、長得較高的草。■螽斯科■ 29 ～ 37 mm■ 7 ～ 11 月■北海道～琉球群島　唧唧唧唧

**褐背露螽**
常見於民宅綠籬。■螽斯科■ 30 ～ 40 mm■ 8 ～ 10 月■本州、四國、九州、琉球群島　唧唧唧、唧啾、唧啾

**日本葉螽**
棲息在山區闊葉林裡。■螽斯科■ 35 ～ 40 mm■ 7 ～ 10 月■本州、四國、九州　唧嘰、唧嘰

外型介於蟋蟀與螽斯之間，不會叫。

**寬翅紡織娘**
棲息在樹林下方的草地，身體顏色分成綠色與褐色。■螽斯科■ 50 ～ 60 mm■ 7 ～ 11 月■北海道～九州　喀隆、喀隆

**日本蟋螽**
棲息在平地到山區的闊葉林上，屬於夜行性，警戒心強。■蟋螽科■ 35 ～ 40 mm■ 7 ～ 9 月■本州、四國、九州

**日本綠螽**
身體較大，棲息在高樹上。■螽斯科■ ♂ 40 ～ 50 mm ♀ 60 mm左右■ 8 ～ 11 月■本州、四國、九州　嘰、嘰、嘰

**草原螽斯**
棲息在農田與小河旁的草原。■螽斯科■ 35 ～ 40 mm■ 8 ～ 11 月■本州、四國、九州、琉球群島　蘇咿啾

**突灶螽　（灶馬）**
屬於夜行性，棲息在民宅地下。■穴螽科■ 25 mm左右■全年■本州、四國、九州

**長角穴螽**　珍稀種
棲息在山區森林的枯樹中。■穴螽科■ 15 mm左右■ 8 月■北海道、本州

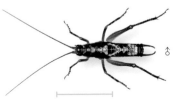

小常識　江戶時代的日本人會將螽斯和鈴蟲裝進竹籠裡販售，享受其美妙的叫聲。

# 蟋蟀類

生活在草原、農田、民宅附近的草叢等處，身體顏色大多為黑色或褐色，發達的後足又粗又長。許多種會摩擦左右前翅，發出聲音。

※ |————————| 為標註實際大小的圖示。
※ 沒有大小圖示的昆蟲代表為實體的 150%。

## 黃臉油葫蘆
■蟋蟀科■20〜25 mm■8〜11 月■北海道〜九州　叩嚕叩嚕哩

長觸角

### 發音器

左前翅　　　右前翅

彈器　　　　弦器

耳部　前足有鼓膜。

雄性鈴蟲的前翅。左前翅的彈器與右前翅的弦器相互摩擦，即可發出聲音。

## 鈴蟲
■蟋蟀科■17〜25 mm■8〜10 月■本州、四國、九州　鈴鈴、鈴鈴

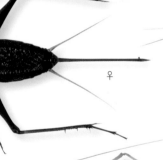

♀

## 凱納奧蟋
常見於庭院樹木、行道樹和民宅屋簷下。■鉦蟋科■9〜15 mm■8〜11 月■本州、四國、九州、琉球群島　唧唧唧

♂

## 長瓣樹蟋
棲息在魁蒿、芒草等草原，常見於河岸。■樹蟋亞科■10〜20 mm■8〜11 月■北海道〜九州　嚕嚕嚕嚕

♂

## 雲斑金蟋
棲息在日照充足的草原與河川平原。■叢蟋科■20 mm左右■8〜11 月■本州、四國、九州、琉球群島　嘰嗯嘰囉哩嗯

♂

## 迷卡灰針蟋
棲息在草皮或低矮草地上。■草蟋科■5〜6 mm■6〜7 月、9〜11 月■北海道〜九州　唧、唧

♂

## 梨片蟋　外來種
常見於庭院樹木或行道樹。■叢蟋科■20〜25 mm■8〜11 月■本州、四國、九州　哩哩哩

♂

♂

## 尖腹蟋蟀
■蟋蟀科■15 mm■8〜10 月■本州、四國、九州　鈴鈴鈴

雄蟲的臉

♂

## 大扁頭蟋蟀
雄蟲頭部的兩邊呈角狀往外突出。■蟋蟀科■15〜20 mm■8〜10 月■本州、四國、九州　唧唧唧

## 迷卡鬥蟋
■蟋蟀科■13〜22 mm■8〜10 月■本州、四國、九州　鈴鈴鈴鈴鈴鈴

## 金鈴子
白天也會聽到叫聲。■草蟋科■9〜10 mm■8〜10 月■本州、四國、九州、琉球群島　呼鈴鈴鈴

♂

沒有翅膀，住在螞蟻窩裡，竊取工蟻運送的食物。

## 蟻塚蟋蟀
■蟻蟋科■2〜3 mm■全年■北海道、本州

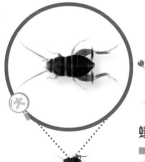

## 螻蛄
在溼地挖洞居住，會飛也會游泳。■螻蛄科■30〜35 mm■4〜9 月■北海道〜琉球群島　噗

# 全球直翅目昆蟲

許多種類演化出完全融入棲息環境的身體顏色與外型，在熱帶地方還能看到近似樹葉、樹枝、苔蘚的蝗蟲與螽斯類。

### 地衣螽斯

棲息在中美洲和祕魯森林的螽斯，外型長得很像生長在樹上的苔蘚，以苔蘚為食。

### 赤翅斑蝗

廣泛棲息於南美洲的蝗蟲。翅膀張開時可達 **23 ～ 24cm**，大小約日本東亞飛蝗的 **2** 倍大。

### 枯葉螽斯

體長約 **7cm**，棲息在馬來半島，外型極似枯葉的露螽。有綠色與褐色，體色變化豐富。

### 枯葉蝗蟲

體長約 **5cm**，外型極似枯葉的蝗蟲。棲息在馬來半島、婆羅洲等地，以枯葉為食。身體顏色相當豐富。

### 擬葉露螽

廣泛棲息於亞洲的露螽。體長約 **5cm**，屬於夜行性螽斯，白天隱身在葉子背面。

# 螳螂類

螳螂屬於肉食性昆蟲,以近似鐮刀的前足,捕食聚集在花朵的昆蟲或棲息在草叢裡的小蟲。除了昆蟲之外,有時還會吃青蛙或蜥蜴。

▲以捕捉足捕食黃鳳蝶的大刀螳螂。

## 草叢獵食者

螳螂不僅主動捕食獵物,還會藏身草叢或枯葉,等待獵物接近。只要獵物靠近,螳螂就會以觸角前端和一對複眼,測量自己與獵物之間的距離,再冷不防地伸出鐮刀狀的捕捉足抓住獵物。螳螂晚上也會活動,捕食具有趨光性的昆蟲。

◀吃完獵物後,大刀螳螂還會仔細清理捕捉足的刺間縫隙。

螳螂只要遇到看起來比自己強的敵手，就會武裝自己。擺出張開翅膀、彎曲腹部尾端，高舉捕捉足的姿勢威嚇對方。

◀擺出威嚇姿勢的大刀螳螂。

▼從螵蛸不斷孵化出若蟲。超過一半的若蟲一出螵蛸就會吃其他生物。

## 冒著生命危險交配

一到秋天，雄蟲就會受到雌蟲釋放出的味道吸引，完成交配。不過，螳螂天生就會追蹤體型比自己小的生物，因此交配時雌蟲很可能攻擊雄蟲。雌蟲每次產下 100～300 顆卵，同時產下泡沫（螵蛸）保護卵。卵在螵蛸的保護下順利度過冬天，5～6 月就會開始孵化。若蟲經過 8 次蛻皮，最後羽化為成蟲。

▲交配中被雌蟲吃掉的雄蟲。

▲將卵產在泡沫（螵蛸）裡。

# 螳螂類

頭型為三角形，複眼較大，面向前方。雌蟲的體型比雄蟲大，前足形狀宛如鐮刀。

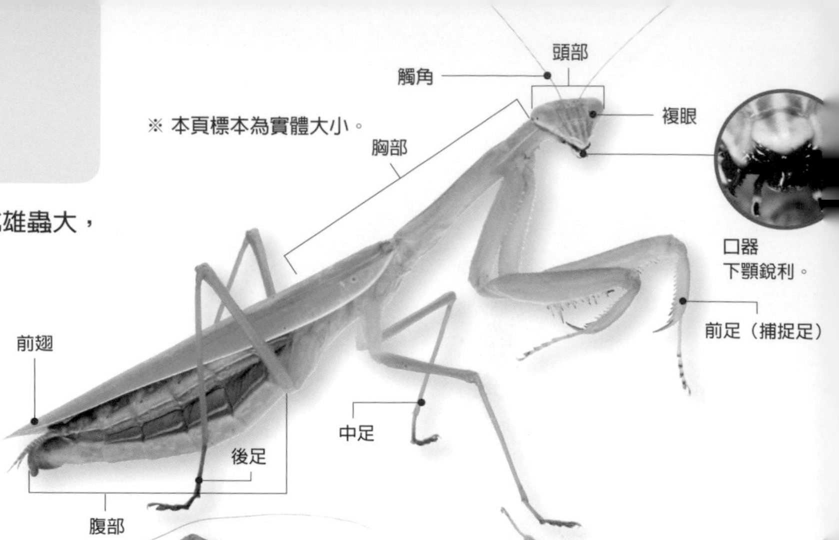

※ 本頁標本為實體大小。

觸角
頭部
複眼
胸部
口器
下顎銳利。
前足（捕捉足）
前翅
中足
後足
腹部

### 大刀螳螂

雄蟲身體偏褐色，體型比雌蟲小。■螳螂科■♂ 68 ～ 90 mm ♀ 75 ～ 95 mm■ 8 ～ 11 月■北海道～九州、屋久島

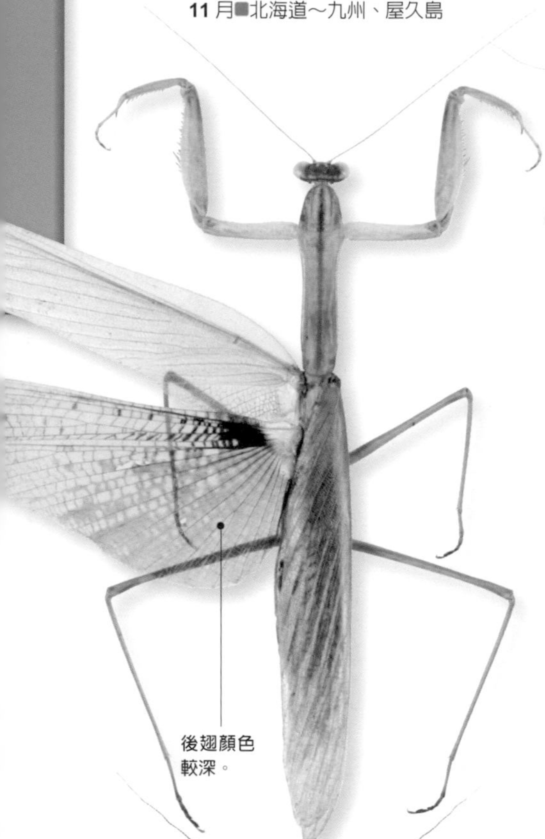

後翅顏色較深。

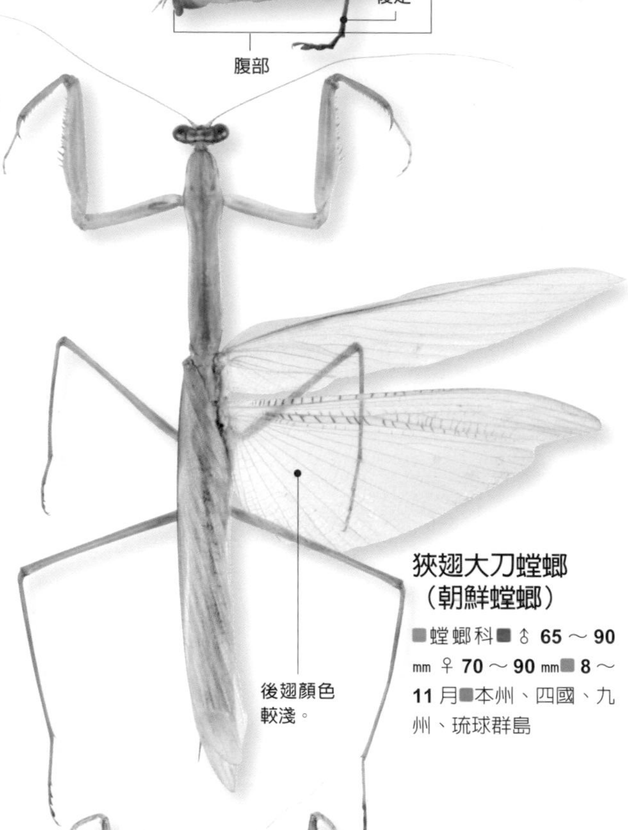

後翅顏色較淺。

### 狹翅大刀螳螂
（朝鮮螳螂）

■螳螂科■♂ 65 ～ 90 mm ♀ 70 ～ 90 mm■ 8 ～ 11 月■本州、四國、九州、琉球群島

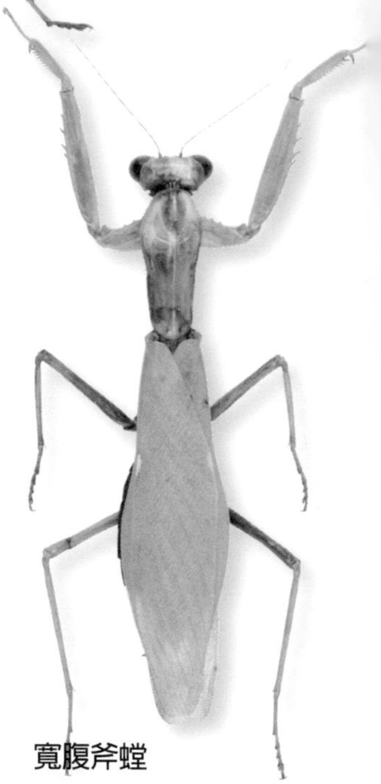

### 寬腹斧螳

常見於樹上。身體略寬，前翅有白色斑點。■螳螂科■♂ 45 ～ 65 mm ♀ 52 ～ 71 mm■ 8 ～ 10 月■本州、四國、九州、琉球群島

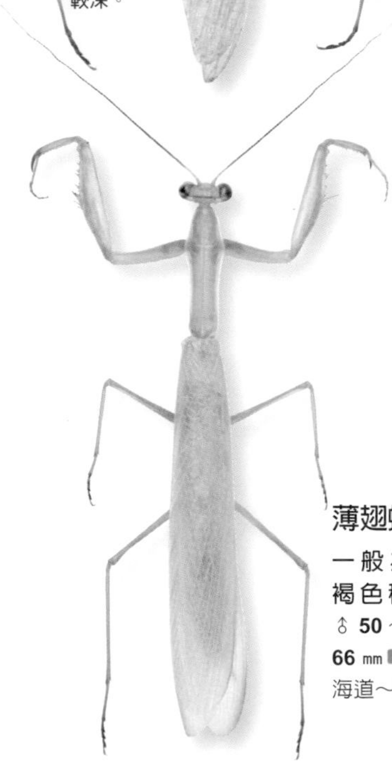

### 薄翅螳螂

一般為綠色，也有褐色種。■螳螂科■♂ 50 ～ 66 mm ♀ 59 ～ 66 mm■ 4 ～ 12 月■北海道～琉球群島

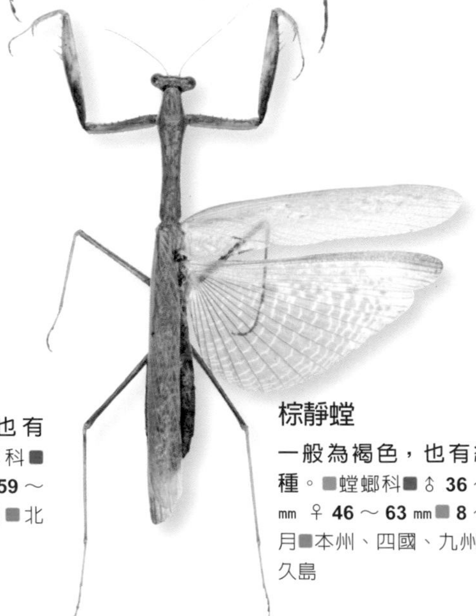

### 棕靜螳

一般為褐色，也有綠色種。■螳螂科■♂ 36 ～ 55 mm ♀ 46 ～ 63 mm■ 8 ～ 10 月■本州、四國、九州、屋久島

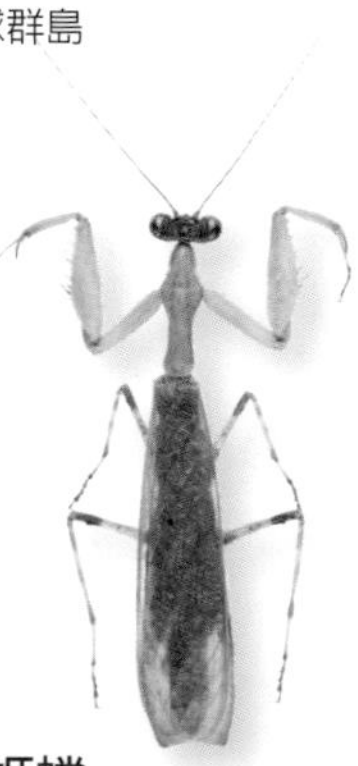

### 日本姬螳

體型較小，活動迅速，經常飛行。■花螳科■♂ 25 ～ 33 mm ♀ 25 ～ 36 mm■ 9 ～ 11 月■本州、四國、九州、琉球群島

■科 ■體長 ■成蟲活躍的主要時期 ■分布

長角棒竹節蟲

看起來像是長著苔蘚的枯枝，平時很難發現其蹤影。體長約 **150mm**，棲息在婆羅洲。

原寸

巨斑翅竹節蟲

體長約 **200mm**，是體型巨大的笛竹節蟲之一。棲息在新幾內亞島。

# 半翅目昆蟲

半翅目昆蟲包括椿象、蟬、負椿、葉蟬等類群，特徵是口器細長如針，大多數擁有膜質後翅。半翅目不會化蛹，是不完全變態昆蟲，從卵孵化為若蟲，再由若蟲長為成蟲。

▼伊錐同蝽保護自己產下的卵。

## 媽媽保護孩子

部分半翅目昆蟲的雌蟲會保護自己產的卵。雌性伊錐同蝽以自己的身體覆蓋在卵或若蟲身上，如果有天敵接近，就揮動翅膀趕走對方。

△伊錐同蝽若蟲同時孵化。

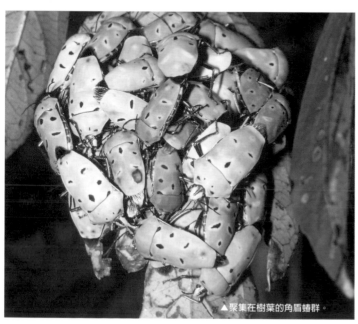
▲聚集在樹葉的角盾蝽群。

## 集體行動的椿象

有些椿象會成群結隊，集體行動。此外，也有些種平時獨自生活，過冬時才會聚集在一起。

▼攻擊毛蟲的綠喙椿象。

## 以針狀口器刺入食物吸食汁液

半翅目昆蟲分成吸食植物汁液，和捕捉昆蟲，吸食昆蟲體液的種類。吃植物的椿象擁有吸管般的長口器，將口器刺入果實內部。吃動物的種類口器較短較粗，以銳利的口器前端刺入獵物身體。

▲日本油蟬若蟲的成長過程。

## 與樹共度一生

　　雌蟲將卵產在枯枝上,若蟲孵化後從枯枝掉落或爬下樹,潛入土裡。若蟲在土裡吸食樹根汁液長大,成長後爬出土裡,爬上草或樹木羽化。剛羽化時身體相當柔軟,後來就會變硬。

▲正在羽化的日本油蟬。

▲剛完成羽化的日本油蟬。

179

# 蟬類

蟬類昆蟲擁有長長的翅膀，經常飛行。雄蟲腹部有發音器，會發出很大的叫聲。若蟲在土壤中生活，羽化時會爬出地面。日本有35種。

觸角
單眼
複眼
前足
前胸
中足
後足
腹部
後翅
前翅

口吻

※ 本頁介紹的都是蟬科昆蟲。
※ |——————| 為標註實際大小的圖示。
※ 沒有大小圖示的昆蟲代表為實體大小。

▲ 前翅與後翅有個像鎖一樣的聯繫結構，飛行時會連在一起，同時拍動。

腹瓣。雄蟲的腹瓣很大。

## 斑透翅蟬
從平地到山區最常見的蟬。■57〜64 mm■7〜9月■北海道〜九州、對馬　咪嗯咪嗯咪嗯咪嗯咪——

▲ 雄蟬腹部幾乎是空的，最內側有一片膜，震動就會發出聲音。

▲ 背部幾乎沒有黑色圖案，全身為綠色或藍色的斑透翅蟬，在日本稱為「ミカド」，只能在固定地區發現。

## 日本油蟬
從平地到低山地最常見的大型蟬。■55〜63 mm■7〜9月■北海道〜九州、屋久島　唧唧哩唧哩……

## 琉球油蟬
與日本油蟬不同，棲息在光線昏暗的樹林和低山地等環境。■55〜65 mm■6〜10月■琉球群島（奄美群島〜沖繩島周邊）　唧哩唧哩嘰……

## 端黑蟬
名字源自前翅前端的黑色圖案。■19〜28 mm■4〜7月■宮古島、八重山列島　吸——、吸、吸、吸、吸——……（宮古島、與那國島為吸——、吸——……）

八重山熊蟬是日本最大、姫草蟬是日本最小的蟬。

### 八重山熊蟬
日本最大的蟬，特產於石垣島與西表島。■ 68 ～ 70mm ■石垣島 6 ～ 8 月、西表島 7 ～ 9 月■八重山列島（石垣島、西表島）　咪嗯咪嗯咪嗯咪嗯……

♂

### 姫草蟬
■ 12 ～ 18 mm ■ 3 ～ 7 月■沖繩島、宮古島、八重山列島　嘰――嘰、嘰、嘰、嘰……

♂

### 熊蟬
習性是群聚於一棵樹上。■ 61 ～ 70 mm ■ 6 ～ 9 月■本州（東北地方南部以南）、四國、九州、琉球群島　嚇嚇嚇嚇嚇……

♂

### 蝦夷蟬
棲息在北海道到九州的大型蟬。■ 55 ～ 65 mm ■ 7 ～ 8 月■北海道～九州　卿――

♂

### 紅蝦夷蟬
美麗的大型蟬。■ 58 ～ 65 mm ■ 7 ～ 8 月■北海道～九州　嗶――嗯

♂

### 小蝦夷蟬
■ 48 ～ 52 mm ■ 7 ～ 8 月■北海道、本州（到廣島縣附近）、四國　卿――

♂

### 蟪蛄
祖先源自南非，現為日本常見種。■ 33 ～ 38 mm ■ 6 ～ 8 月■北海道～九州、奄美群島、沖繩島　嘰――

♀

### 朝鮮蟪蛄　[瀕危物種]
日本只棲息在長崎縣的對馬。■ 34 ～ 37 mm ■ 10 ～ 11 月■對馬　嘰嘰嘰……嘰嘰嘰嘰――

### 黑寧蟬
主要棲息在松樹林的小型蟬種。■ 32 ～ 37 mm ■ 3 ～ 6 月■本州（北關東～中國地方）、四國、九州　唔傑――唔傑唔傑唔傑――

♂　　♀

### 蝦夷春蟬
梅雨季可在山毛櫸林聽見叫聲的中型蟬。■ 37 ～ 44 mm ■ 5 ～ 7 月■北海道、本州、四國、九州　妙――嘰嗯、妙――嘰嗯、妙――嘰嗯、妙――客客客客客客

♂

### 姫春蟬
本州數量少，許多地方指定為天然紀念物。■ 32 ～ 38 mm ■ 6 ～ 7 月■本州、四國、九州、屋久島、奄美群島、大東諸島　卿――喔、卿――喔、卿――喔……

[瀕危物種]

♂（亞種大東姫春蟬）

Q A　Q: 蟬的成蟲是否只能活一週？　A: 各種的生命週期不同，有些很長壽，可活 3 週到 1 個月。

181

※ 本頁標本為實體大小。

### 日本暮蟬

在日本是很常見的蟬。■ 46 〜 48 ㎜ ■ 6 〜 8 月■北海道〜九州（除了屋久島）、奄美群島　咖哪咖哪咖咖哪咖哪

### 騷蟬

與世界最大的帝王蟬是近緣種。■ 34 〜 52 ㎜ ■ 6 〜 10 月■石垣島、西表島　嗶、嗶、嗶、啾——……

### 松秋蟬

棲息於松樹林，秋天鳴叫的蟬。■ 25 〜 30 ㎜ ■ 7 〜 11 月■北海道〜九州　嘰、嘰、嘰、嘰……

### 葉枝指蟬

棲息在日本落葉松林。■ 35 〜 39 ㎜ ■ 7 〜 9 月■北海道　嘰、嘰、嘰、嘰……

### 大寒蟬

在日本寒蟬中，體型最大的蟬。■ 45 〜 49 ㎜■ 6 〜 11 月■琉球群島（奄美大島〜沖繩島）　咖嗯咖嗯咖嗯……

### 黑岩蟬 （薄翅蟬）瀕危物種

只棲息在沖繩島、久米島的蟬，全身呈現美麗的綠色。■ 23 〜 31 ㎜ ■ 5 〜 8 月■沖繩島、久米島　啾啾啾啾……

### 寒蟬

十分敏感，只要有人或動物接近就會啷地一聲飛走。■ 40 〜 46 ㎜■ 8 〜 9 月■北海道〜九州、屋久島　喔——吸嗯吱苦吱苦、喔——吸嗯吱苦吱苦、……吱苦溜吸、吱苦溜吸、卿——

專欄　變成蕈類的蟬？

　　有一種蕈類植物稱為蟬花，胞子隨風飄散，進入蟬若蟲的體內。隨著蕈類長大，蟬的幼蟲就會死亡，蕈類靠著幼蟲體內的養分成長。由於看似冬季是蟲、到了夏季就變成蕈類，因此這類寄生在蟲身上的蕈類又稱為「冬蟲夏草」，俗稱「蟬花」。

▶ 寄生在日本暮蟬若蟲的蟬花。

# 全球蟬類

目前已知全世界約存在 **1500** 種蟬，包括翅膀與體色鮮豔繽紛的種類，生活習性特殊的族群，就連叫聲也各有不同。

原寸

世界最大的蟬。

## 帝王蟬

　　體長 **80mm**，翅展接近 **200mm**，是全世界最大的蟬，棲息在馬來西亞高地，是日本暮蟬的近緣種。

## 十七年蟬

　　棲息在美國的蟬，十七年爆發一次，無數成蟲會一起羽化，將棲息地擠得滿滿。昆蟲學家預估數量達數十億隻。十七年蟬共有 **4** 種。

## 樹葉蟬

　　外型近似植物葉子的蟬，棲息在澳洲的熱帶雨林。

## 青襟油蟬

　　棲息在東南亞低山地，色彩繽紛的蟬。

## 沫蟬的生活習性

　　沫蟬的若蟲將口器插入植物莖部吸食汁液，幾乎不動。吸入的水分與排泄物混在一起，製造出帶有黏性的泡泡，棲身在泡泡裡。成蟲姿態很像蟬，從泡泡中飛出，在天空飛翔。日本約有 **40** 種。

▲製造泡泡的圓沫蟬若蟲。

▲棲身在泡泡裡的模樣。

▲羽化後從泡泡出來的圓沫蟬成蟲。

▼正在產下若蟲的瘤突修尾蚜。

### 兩種繁殖方法

　　蚜蟲有兩種繁殖方法，食物豐沛的春夏兩季，雌蟲無須交配也能產下若蟲。到了秋季，有翅膀的雄蟲出生，雌蟲便與雄蟲交配並產卵。

▲交配中的栗大蚜。

▼與螞蟻共生的橘捲葉蚜。

## 蚜蟲的生活習性

　　蚜蟲吸食植物的汁液生活，有些種類具有社會性，會與夥伴合作對抗天敵。

### 與螞蟻共生

　　有些蚜蟲種類會與螞蟻攜手合作，互利共生。蚜蟲排出的汁液很甜，是螞蟻愛吃的食物，因此吸引許多螞蟻聚集在身邊，保護蚜蟲的生命安全。

# 葉蟬、沫蟬及蚜蟲類

葉蟬和沫蟬都是與蟬相近的類群，若蟲與成蟲都吸食植物汁液。蚜蟲類的體型較為矮胖，除了部分季節外，成蟲沒有翅膀。

**黑斑尖胸沫蟬**
常見於禾本科植物。■沫蟬科■13～14 mm■北海道～九州

**白紋象沫蟬**
寄生在薊身上，具有趨光性。■沫蟬科■10～12 mm■本州、四國、九州

**白帶尖胸沫蟬**
喜歡待在柳樹、桑樹和冬青衛矛上。■沫蟬科■11～12 mm■北海道～九州

**黑尾大葉蟬**
吸食各種植物的汁液。■葉蟬科■13 mm左右■3～11月■本州、四國、九州、琉球群島

**大青葉蟬**
吸食各種植物的汁液。■葉蟬科■8～10 mm■5～9月■北海道～琉球群島

**角蟬**
棲息在薊、魁蒿等植物上。■角蟬科■6～8.5 mm■7～8月■北海道～九州

**褐角蟬**
以成蟲過冬，寄生在接骨木、多花紫藤等植物上。■角蟬科■5～6 mm■4～11月北海道～九州

**青蛾蠟蟬**
棲息在各種植物上，是橘子與茶的害蟲。■青翅飛蝨科■9～11 mm■本州、四國、九州、琉球群島

**黑框廣翅蠟蟬**
棲息在桑樹上。■廣翅蠟蟬科■9～10 mm■本州、四國、九州

**窗耳胸葉蟬**
棲息在麻櫟上，以成蟲過冬。■耳葉蟬科■14～18 mm■本州、四國、九州、琉球群島

**紅袖蠟蟬**
棲息在芒草等禾本科植物。■袖蠟蟬科■9～10 mm■本州、四國、九州

**瓢蠟蟬**
乍看很像瓢蟲，感應到危險就會飛走。■蠟蟬科■5～6 mm■本州、四國、九州

**瘤突修尾蚜**
寄生在蠶豆、海濱山黧豆等莖部和葉子背面。■蚜科■3 mm左右■3～6月■北海道～九州

**豆蚜**
寄生在紅豆、蠶豆、救荒野豌豆等豆科植物上。■蚜科■1.4～2.2 mm左右■全年■北海道～琉球群島

**溫帶臭蟲** 外來種
棲息在全世界，吸人血的害蟲。亦稱為「床蝨」。被牠螫到會感覺搔癢。■臭蟲科■5～7 mm■全年北海道～琉球群島

## 介殼蟲類

介殼蟲類生活在植物上，幾乎不動，其中包括足部退化、無法動彈的種類。有些介殼蟲會分泌白粉或蠟狀物質，覆蓋身體四周。大多數種類的雌蟲一生從未移動過，雄蟲長為成蟲後擁有翅膀，四處飛行尋找雌蟲。日本約 400 種。

**草履介殼蟲**
只有雄蟲有翅膀，生活在青剛櫟屬植物的枝條和樹幹上。■碩介殼蟲科■♂5 mm左右 ♀8～12 mm■5～6月■北海道～九州

外來種
**吹綿介殼蟲（吹綿蚧）**
寄生在柑橘類、歪頭菜、八角金盤等許多植物上，很難有機會看到雄蟲。■碩介殼蟲科■♂3 mm ♀4～6 mm■年2～3回■本州、四國、九州、琉球群島

# 蜚蠊及其他昆蟲

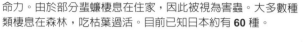
蜚蠊（俗稱蟑螂）比恐龍更早存在於地球，擁有堅強生命力。由於部分蜚蠊棲息在住家，因此被視為害蟲。大多數種類棲息在森林，吃枯葉過活。目前已知日本約有 **60** 種。

※ ├─────┤ 為標註實際大小的圖示。
※ 沒有大小圖示的昆蟲代表為實體大小。

## 美洲蟑螂 外來種

棲息在全球都市與熱帶地區的害蟲。■蜚蠊科■**30 ～ 40** mm■北海道、本州、九州、琉球群島

## 褐色蟑螂 外來種

家中常見的害蟲。■蜚蠊科■**25 ～ 35** mm■北海道～琉球群島

## 日本蜚蠊

日本原生種蟑螂。常見於一般家中，原本棲息在雜樹林。■蜚蠊科■**25** mm左右■北海道、本州、九州

▲紅豆型態的卵囊，同時孵化的煙褐蟑螂若蟲。

## 德國蟑螂 外來種

天生不耐低溫，常見於經常開暖氣的大樓或廚房的害蟲。棲息在全球都市。■姬蜚蠊科■**11 ～ 13.2** mm■北海道～九州、奄美大島

## 矮小圓蠊

雌蟲受到刺激會像潮蟲一樣身體變圓，雄蟲有翅膀。■匍蜚蠊科■**10 ～ 12** mm■九州（南部）、琉球群島

## 黑褐硬蠊

藏身在大自然樹林中，直立枯萎或橫臥枯萎的樹木，以枯樹為食。■匍蜚蠊科■**37 ～ 41** mm■本州、四國、九州、琉球群島

## 東方水蠊

翅膀退化形成鱗片狀，棲息在枯樹皮的下方。■蜚蠊科■**25 ～ 35** mm■北海道～琉球群島

## 琉璃紺蠊 珍稀種

棲息在森林，閃耀著美麗琉璃色的蟑螂。■隆背蜚蠊科■**11.7 ～ 12.7** mm■石垣島、西表島、與那國島

日本最大的蟑螂。

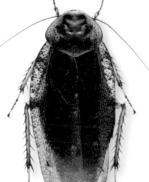

## 八重山斑蜚蠊

棲息在森林的枯葉下方或樹洞中。■匍蜚蠊科■**35 ～ 48** mm■石垣島、西表島

## 🌐 全球蜚蠊類

全世界的熱帶地區約有 **4000** 種蜚蠊。

## 犀牛蟑螂

全世界最大的蟑螂，體長約 **80mm**。在地底養育若蟲。棲息在澳洲的乾燥森林，有人將牠當成寵物飼養。

## 尤加利蟑螂

體長約 **15mm**，棲息在澳洲等處。平時待在日照充足的明亮森林，吃花粉度日。

## 蠼螋類

全世界約 **1900** 種，棲息在日本的有 **20** 種左右。尾巴前端有一把剪刀，只要翹起尾部對著對手，就能用剪刀攻擊。平時吃動物屍體、小型昆蟲和腐敗植物。

▲照顧卵粒的雌蠼螋。

### 河濱蠼螋
棲息在海岸、河川平原、農田石頭或垃圾下方。■球蠼螋科■ 18 ～ 30 ㎜■本州、四國、九州

### 蚰蜒
棲息在樹上、山地石頭下方，雄蟲長得像釘拔鉗。後翅退化，不會飛。■蠼螋科■ 21 ～ 36 ㎜■北海道、本州

### 粗壯蠼螋
棲息在山地草木上，雄蟲的鉗子有 3 種形狀，是其最大特色。■蠼螋科■ 12 ～ 20 ㎜■北海道～九州

▲粗壯蠼螋雌蟲在產卵後，會讓孵化出的若蟲吃自己的身體。

## 體蝨及書蝨類

體長約 **0.5mm** ～ **10mm**。蝨子中的食毛亞目昆蟲大多寄生在鳥身上，蝨亞目昆蟲則寄生在哺乳類身上吸血。寄生在人類身上的稱為體蝨，分為棲息在毛髮的頭蝨和衣服上的體蝨。書蝨擁有長觸角，喜吃黴菌和地衣類植物，有些種棲息在家中。

▲頭蝨的放大照片。

▲附著在衣服上的體蝨。

▲待在草莖部的蝨子。

## 蛩蠊類

蛩蠊是原始昆蟲，昆蟲學家譽為「活化石」。若蟲與成蟲形狀相同，沒有翅膀，身體柔軟，最適合潛入地底。

### 蛩蠊
在山地森林的石頭或苔蘚下方生活。■蛩蠊科■ 20 ～ 30 ㎜■本州、四國、九州

## 薊馬類

體長約 **2mm**，雖然不起眼，卻是吸食農作物汁液的害蟲。種類繁多，有些種吃菌類。

◀棲息在色木槭上的變葉木薊馬。

## 彈尾蟲、鋏尾蟲類

最原始的昆蟲，棲息在土裡，沒有翅膀，幼蟲與成蟲形狀相同。有時被分類在與昆蟲不同的族群中。

▲在地上行走的大棘跳蟲。

## 衣魚類

屬於原始昆蟲，沒有翅膀，仔蟲與雄蟲形狀相同。體長約 **10mm**，喜歡啃食書本，是常見的居家害蟲。

▲在家裡的敏櫛衣魚。

## 石蛃類

原始昆蟲之一，沒有翅膀，若蟲與雄蟲形狀相同。體長 10 ～ 15mm，棲息在屋外的岩石或石牆吃藻類。受到驚嚇時會蹬地往上跳。

▶在石牆上行走的斑石蛃。

▲棲息在土裡的韋氏跳蟲。

 **小常識** 蛩蠊類在恐龍主宰地球前就已經存在，昆蟲家學認為牠們已存在超過 3 億年，是真正的「活化石」。

# 蜘蛛類

大致來說，蜘蛛類與昆蟲一樣屬於節肢動物，但蜘蛛並非昆蟲。無論是身體構造或足的數量皆與昆蟲不同。蜘蛛 1300 種以上，最大特徵是每種都能從體內吐出絲。以絲結網（蜘蛛網）是蜘蛛最有名的特色，但也有許多蜘蛛不結網。

## 蜘蛛的食物

幾乎所有蜘蛛都是肉食性，不只吃昆蟲，也捕食其他蜘蛛。蜘蛛抓到獵物後不會直接吃掉，而是將消化液注入獵物體內，待內臟溶解後，再吸食體液。

## 不結網捕捉獵物

不結網的蜘蛛會在植物葉子上埋伏，或四處走動，尋找獵物。一旦發現獵物，就會迅速跳出來捕捉獵物。雖然不結網，但牠們經常在移動時邊走邊吐絲。蜘蛛絲可以幫助牠們遇到危險時，立刻從地上跳起，保護安全。

▲ 捕捉雨蛙的黃褐狡蛛。

▲在圓形網子正中間等待獵物的橫紋金蛛。

## 蜘蛛絲的各種用法

　　蜘珠族群吐出的蜘蛛絲除了結網之外，還有許多用途。例如雌性蜘蛛產卵後，會纏上好幾層絲，做成「卵囊」包覆卵。利用這個方法保護後代。

▲橫紋金蛛正在製造卵囊。

## 隱藏在蜘蛛絲的祕密

　　不同種蜘蛛結的蜘蛛網有不同形狀。以圓網為例，圓網分成帶有黏性的橫線與不黏的縱線。蜘蛛在網上移動時會走在縱線上，因此不會被自己的網子黏住。正中間又粗又白的部分稱為「隱帶」，即使同為結圓網的蜘蛛，也會因為種不同影響隱帶形狀。

## 利用蜘蛛絲飛向空中

　　蜘蛛寶寶會一起從卵中孵化出來，過著數天到一週的集體生活，稱為「團居」。團居期間結束，小蜘蛛就會各自獨立生活。此時可看見牠們朝空中吐絲，趁著風勢飛向空中的姿態。

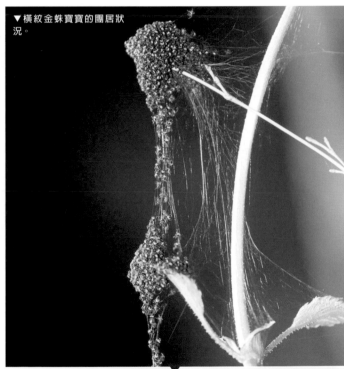
▼橫紋金蛛寶寶的團居狀況。

◀橫紋金蛛抓到蜻蜓後，以蜘蛛絲纏繞蜻蜓。

## 結網等待獵物

　　為了捕捉獵物，蜘蛛網也發揮陷阱的作用。當蜘蛛感應到蜘蛛網產生振動，會迅速接近獵物，從體內吐絲，使獵物動彈不得。

▼森林草蛛族群會往天空吐絲，飛向空中。

# 蜘蛛類

相較於昆蟲身體分成三部分，蜘蛛的身體只分成二部分。此外，足的數量也不同，昆蟲有 3 對 6 隻；蜘蛛有 4 對 8 隻。蜘蛛沒有觸角，也沒有翅膀。

※ ├───┤ 為標註實際大小的圖示。

絲疣
位於腹部末端，用來吐絲的器官。共 3 對 6 個。

口器
有銳利尖牙，將毒液注入獵物體內，使其麻痺。

腹部

頭胸部

觸肢
位於頭胸部前端，作用就像人類的雙手。

單眼
蜘蛛沒有複眼，幾乎都有 8 個單眼。

## 悅目金蛛
棲息在長得較高的樹上，蛛蛛網上的隱帶為 X 型。■園蛛科■♂ 5～7 mm ♀ 20～30 mm■6～8 月■本州、四國、九州、琉球群島

## 大腹園蛛
在住宅屋簷或街燈下結網，只在夜晚出現於網子。■園蛛科■♂ 15～20 mm ♀ 20～30 mm■6～10 月■北海道～琉球群島

## 棒絡新婦
（小人面蜘蛛）
網子很大，網目很小，看起來像是音樂的五線譜■芥蛛科■♂ 6～10 mm ♀ 17～30 mm■8～12 月■本州、四國、九州、琉球群島

## 蟾蜍曲腹蛛
白天靜靜待在葉子背面，晚上溼度變高就會開始結網。■園蛛科■♂ 1～2.5 mm■8～10 mm■7～9 月■本州、四國、九州

帶有劇毒，也會造成人類的生命危險。

## 紅背蜘蛛 [外來種]
從外國來的蜘蛛，由於毒性強烈，千萬不要碰觸。■姬蛛科■♂ 3.5～6 mm ♀ 7～10 mm■全年■本州、沖繩島

## 人面蜘蛛
在結網蜘蛛中，這是日本最大的種（只有雌性蜘蛛較大，雄性蜘蛛很小）。■芥蛛科■♂ 7～10 mm ♀ 35～50 mm■7～12 月■琉球群島

## 華麗金姬蛛
顏色鮮豔的金色蜘蛛，受到刺激時，顏色會變得樸素低調。■姬蛛科■♂ 3.3～5 mm ♀ 4.2～7.7 mm■6～9 月■本州、四國、九州、琉球群島

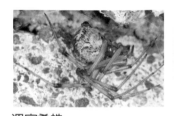

## 溫室希蛛
喜歡在地板下方、室外廁所等人造物結表面凹凸不平的網。■姬蛛科■♂ 2.2～4.1 mm ♀ 5.1～8 mm■全年■北海道～琉球群島

### 桔紅銀斑蛛

在其他蜘蛛結的網生活，偷吃別人的食物，或是將網子的主人一起吃掉。■姬蛛科■♂ 3.6～4.2 mm ♀ 3.8～6.2 mm ■7～10月■本州、四國、九州、琉球群島

### 長尾寄居姬蛛

入侵其他蜘蛛的網子，趁隙攻擊網子的主人，拆吞下腹。■姬蛛科■♂ 6～8 mm ♀ 6～11 mm ■5～10月■北海道～九州

▲從側面看到的模樣。

### 日本扁蛛

身體極為扁平，常見於古老寺廟或民宅。■轉蛛科■♂ 5～8 mm ♀ 6.1～8 mm ■6～10 月■本州（近畿地方）

### 水蛛　瀕危物種

在水中捕食獵物，搬到用絲做成的空氣罩吃掉。■水蛛科■♂♀ 8～15 mm ■全年■北海道、本州、九州（本州、九州皆很罕見）

💬 寄居姬蛛族群和長尾寄居姬蛛會入侵其他蜘蛛的網子。

### 蚓腹銀斑蛛

吐出幾條絲，捕食在絲上走的蜘蛛。■姬蛛科■♂ 12～25 mm ♀ 25～30 mm ■5～8月■本州、四國、九州、琉球群島

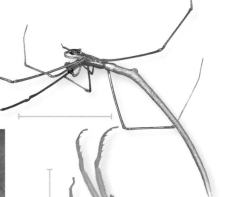

### 斜紋貓蛛

這是棲息在草原的蜘蛛，足部有許多毛刺。■貓蛛科■♂ 7～9 mm ♀ 9～11 mm ■6～10 月■北海道～琉球群島

### 波狀截腹蛛

前方的 2 對足又粗又有力，腹部形狀十分有趣。■蟹蛛科■♂ 3.6～5.3 mm ♀ 8.5～12.1 mm ■5～10 月■北海道～九州

### 蟻蛛

外型極似螞蟻，昆蟲學家尚未釐清其與螞蟻之間的關係。■蠅虎科■♂♀ 5.8～8 mm ■5～9 月■北海道～九州

### 嫩葉蛛

身體呈鮮豔的綠色，大多數的種都會靜靜待在葉子上。■蟹蛛科■♂ 6～11 mm ♀ 9～12 mm ■4～8 月■北海道～九州

### 黑貓跳蛛

成蟲經常互相打鬥，常被人類拿來「鬥蛛」。■蠅虎科■♂♀ 7～13 mm ■5～8 月■北海道～九州

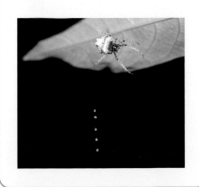

### 卡氏地蛛

在樹根和牆壁邊緣的地面築管狀巢穴，藏身在其中。■地蛛科■♂ 10～15 mm ♀ 12～20 mm ■全年■北海道～九州

### 原始蜘蛛　瀕危物種

帶有原始特徵，腹部有體節，被譽為活化石。■節板蛛科■♂♀ 9～13 mm ■全年■九州（鹿兒島縣）

### 專欄　丟出套索捕捉獵物的蜘蛛

蜘蛛類通常會善用絲捕捉獵物，但六刺瘤腹蛛的用絲方式十分特別。牠先在蜘蛛絲前端沾上黏黏的液體，接著像牛仔丟出套索般用足丟絲，捕捉獵物。

# 鼠婦及蜈蚣類

### 鼠婦類

鼠婦不是昆蟲，而是與蝦子、螃蟹一樣同屬甲殼類。共有 **14** 隻（**7** 對）腳，感到危險時會蜷縮身體，保護自己。

**鼠婦**
■ **10 ～ 14** ㎜■北海道～琉球群島

**森林清道夫**
鼠婦吃落葉和昆蟲屍體。被鼠婦吃過的落葉容易受到微生物分解，增加土壤養分。

**糙瓷鼠婦 （海蟑螂）**
外型很像一般鼠婦，但不會蜷縮身體。■ **10 ～ 12** ㎜■北海道、本州（中部地方以北）

### 蜈蚣類

蜈蚣有許多腳，數量因種而異。牙齒有毒，捕食昆蟲。

### 馬陸族群

馬陸族群以菌類和枯葉為食，動作不算快速，遭遇攻擊時身體會噴出有味道的液體。

**奇馬陸**
常見於民宅庭院。■ **20** ㎜左右■ **6 ～ 10** 月■北海道～琉球群島

### 塵蟎族群

塵蟎與蜘蛛分屬不同目，幾乎所有種類體型都很小，人類肉眼很難看見。塵蟎有許多種類，有些會吸人血，有些附著在植物上，習性各不相同。

**家塵蟎**
吸人血的塵蟎，會傳播疾病，一定要特別小心。■ **0.7** ㎜左右■北海道～琉球群島

**卵形硬蜱**
大型蜱類，吸人類與動物的血。一旦跳到身上吸血，就會持續數週。■ **2 ～ 3** ㎜■北海道～琉球群島

**少棘蜈蚣**
吃蟑螂與蝗蟲等昆蟲。■ **80 ～ 150** ㎜■本州（東北地方以南）、四國、九州、琉球群島

**蚰蜒**
共有 **30** 隻腳，移動迅速，吃蟑螂等昆蟲。■ **25 ～ 30** ㎜■北海道～琉球群島

# 索引

依照筆畫順序刊載本圖鑑收錄的昆蟲與其他生物名稱，歡迎參考。

# 讀者試閱名單

在企劃動圖鑑的過程中，我們邀請所有讀者成為我們的試閱員，並提供珍貴意見與想法。
衷心感謝協助試閱的 700 名讀者。

相磯知花／青井悠河／青木春薰／青木蘭／青見夢乃／秋月麻衣／秋野真也／秋葉明香里／秋葉桃華／秋元優果／淺尾理沙子／芦野陽子／安達友子／安達万起／足立美緒／厚川結希／阿部あかね／安部来美／安部京／阿部聡実／阿部美樹／阿部桃子／新井希世可／新井紫帆／荒井菜々／新井円香／荒木梨沙／按田璃子／安藤碧海／安藤沙耶佳／安藤瞳／安藤実希／安藤梨々花／安念玉希／飯島花栞／飯田俊太郎／飯山陽輝／五十嵐有香／猪狩明結菜／池田奈穂／池田晴奈／池田まゆか／池田祐理子／池田れん／池永萌々花／池宮智恵／池本依里香／池山美晴／伊﨑朱音／井澤由衣／石井二葉／石井ゆりね／石井凜音／石川葉子／石崎弥夏／石田清葵／石橋英里／井関雄大／磯尾好花／磯崎佳乃／井田明日香／井谷菜穂／市川桜／一瀬杏菜／伊藤彩音／伊藤沙莉那／伊藤侑花／伊藤ゆりか／稲熊彩花／稲澤杏／稲田有華／稲村文香／井上花穂／井上紗希／井上満里奈／井上由梨／猪爪楓／井原萌／今井あづみ／今福史智／今村優香／今吉灯／井村萌／岩井秋子／岩佐美紀／岩崎加歩／岩崎由花／岩﨑千奈／岩野朱莉／岩本晴道／植田紗貴／植竹可南子／上野彰子／上野稀々／上野結花／上野りほ子／上廣悠美子／上村理恵／牛久貴絵／臼井満里奈／内田優那／内山萌乃／宇都沙弥香／浦野美羽／浦山紗矢香／裏山雅／江嵜なお／江原千咲／蝦名風香／遠藤嘉惠／大内亮／大木清花／大北美知瑠／大口真由／大熊悦子／大里翼／大城愛／大代愛果／太田沙綾／太田朋／大平葵／大野尊／大橋優／大本優香／大山夏奈／岡崎恵／尾形羽菜／岡田有未／岡村有希／岡本視由紀／岡本梨沙／岡本怜於奈／岡山奈央／小川佳織／小川真季／沖島伶奈／奥尾実咲／奥田愛理／奥谷香乃／奥中咲香／奥野葵／奥野郁子／奥原奈菜／尾崎匠之輔／小澤陽香／鴛海晶／越智友佳／小沼鮎莉／小野みさき／小野木遥香／小山福久音／陰地裕介／海川寧音／柿﨑美羽／柿沼亜里沙／角田沙姫／数井千晴／數井雅士／春日陽斗／片岡葵／片岡十萌／片岡夏希／片山葵／片山季咲／香月章太郎／勝田星来／勝野陽太郎／加藤紗依／加藤慎太郎／加藤真由／加藤みいさ／加藤美瑛／加藤美咲／加藤結衣／加藤蘭／角岡玲香／要佑海／金子茜／金子晴香／金子友貴美／金田久海／金田黎／叶晴夏／鹿子木湊／鎌田郁野／上村明日香／上村遼香／上辻菜々瀬／萱場理恵／川上莉果／川口瞳／河下未歩／川端那月／川畑萌／神田早紀／木内彩音／菊田万夏／菊地亜美／菊地菜央／菊池菜生子／木佐木梓沙／木佐貫祐希／木田さくら／北穂乃佳／北田紀子／北野こゆき／北野桃菜／北村直也／北山真梨／鬼頭里歩／木村舞香／木本舞／鬼山藍名／京屋杏奈／清野めぐみ／清本麻緒／久下萌美／草野侑嗣／工道あつみ／工藤ももか／久保木佑莉／窪田禎之／久間双葉／熊谷はるか／熊谷歩乃佳／熊倉司唯／雲見梨乃／栗原真悠／黒澤伝太／桑形かすみ／桑田千聡／桑野海／郡司祥／小金丸恵夢／粉川美紅／小木和香／小島紗季／小島渚乃／小嶋真侑／小島毬／小島弥女／小菅紗良／小舘天音／後藤佐都／小林杏／小林香乃／小林知聖／小林由佳／小原陽光／駒林奈緒／小向杏奈／古村真鈴／小柳美弥／小柳悠希／小山樹／近藤あかり／近藤成菜／近藤友香／近藤由起／近内優花／齋藤瑛美／坂井陽／酒井香織／酒居香奈／境美伶奈／坂上真菜／坂口愛実／坂本真歩／坂元瑠衣／佐久間美智香／佐光珠美／笹尾茉央／佐々木明穂／佐々木弥由／佐々木美恵／捧情美／笹原亜珠美／貞國有香／佐竹まや／佐藤彩加／佐藤清加／佐藤詩織／佐藤友香／佐藤奈央／佐藤華子／佐藤雅弥／佐藤実夏／佐藤美夏子／佐藤桃花／佐藤麗奈／佐野歩美／佐野柊／佐野美咲／佐野遥平／佐俣夏紀／澤勇輝／澤口小夏／澤田翼／澤田優生子／志賀谷春果／執行菜々子／四家千晴／重松菜奈／品川らん／篠田南海／篠原章江／篠原みのり／柴田あさみ／嶋田汐華／島津燎／嶋中彩乃／首藤彩子／白井美優／白井葉／白崎愛純／白崎あやめ／白鳥空／城間陽賀／陣川桃乃／菅優里奈／菅原千聖／杉澤香織／杉山里実／杉山紗彩／杉山莉菜／鈴木海／鈴木咲那／鈴木夏美／鈴木仁那／鈴木晴菜／鈴木美佳／鈴木萌／鈴木桃衣／鈴木涼士／須田麻美／須田真理／砂山佳音／瀬川佳陽子／関晴香／関田桃子／瀬下奈々美／添田奈々／曽我辺直人／染谷美紗貴／平良佳南子／髙市帆乃香／髙尾芽生／髙城亜也那／高木咲良／高木陽菜／高木佑太郎／髙島里菜／高須ふゆ子／高瀬水緒／高田佳奈／髙田沙也加／高田祐希／髙野真世／高橋飛鳥／高橋希実／高橋美紅／髙橋美帆／高橋唯／髙橋凛々子／高橋怜央／高原菜摘／高村萌里／田口美杏／田桑礼子／武居七実／竹田愛／武田佳穂／武田さつき／竹田桃子／竹本日向子／田中亜美／田中瑛祐／田中恵理子／田中萌愛／田中結衣／田中悠里／田中優梨花／棚橋彩／田邊美貴／谷口湧紀／谷定綾花／種彩乃／田之上遥夏／田之上優衣／玉置楓／田村夏美／田本伶奈／丹野佑有子／千種あゆ美／知念南菜子／千畑彩音／中馬杏菜／辻真由美／辻中佑歩／土屋芽以／土屋佳己／角井志帆／角田梨帆／坪田実那美／手島紗英／寺尾颯人／寺沢尚己／寺田菜穂子／寺本実来／土居海斗／砥石真奈／東海千夏／富樫茉美／徳嵩葵／徳丸華奈／登坂風子／戸田夏海／外岡清香／鳥羽杏優里／富島万由子／富島由佳子／冨田妃南多／富田友美／冨永歩乃楓／友岡英／友尻杏／友田陽七虹／豊國萌／内藤玲花／中井菜摘／長尾澪／中川晶恵／中川晴香／中川晴子／中川まりな／中川美沙葵／中窪愛日／中島久美子／中島夏海／中島那々子／中島瑠那／永田みゆき／仲渡千宙／中野歩実／中畑美咲／中林里彩／中原萌絵／永間美咲／永松楽々／中村明日香／中村華子／中村加奈子／中村慶／中村光里／中村真生子／中村美枝子／中村未来／中村翠／長元賢正／中屋敷彩／中山由莉恵／永良みずき／浪岡志帆／成瀬千奈津／難波真備／南部葉月／新島瑠奈／新保優理絵／二階堂琴花／西岡史晃／西幡安美／西村幸真／西村夏希／新田伊麻里／沼田仁／根岸菜々香／野網風子／野池真帆／野口万紘／野口陽子／野平耀正／野間共喜／野村舞／萩生田有佳／萩原佑奈／葉柴陵晴／橋本萌実／蓮すみれ／長谷川実咲／長谷部瑞季／畑清美／秦なずな／初田圭一／羽鳥未奈／花井愛衣／馬場真白／浜高家瑞稀／早川和／林茜里／林なな／林里帆／林真衣／林実玖／林田実紗／早田日向子／羽山美咲／原きく乃／原杏佳／原山涼子／針間あきり／東優衣／東里紗／東口美咲／東野空／彦坂多美／平井万莉／平島沙耶／平島瑛代子／平塚めい／平松伶彩／蛭崎知美／廣島寿々々／廣瀬茉矢／廣瀬由華／深津真奈／普川優生／福浦桃奈／福田和晃／福田名那／福田光／福田美紀／藤井ちあき／藤澤七望／藤田奈央／藤田真依／藤武尚生／藤塚晴香／藤原彩如／藤本早苗／渕脇里菜／舟山香織／文元りさ／古川優里菜／古沢安主歌／古澤結業／古田このみ／古谷彩瑛／古夏夏実／古谷優佳／外園愛理／星野香海／細津真優／本田彩夏／本多美菜／本名眞英子／前田絢音／前田七海／真栄田ひなた／前原澪／増田優沙／松井杏奈／松尾健大／松川美空／松下杏子／松下真由子／松原希宝／松原奈央／松村春恵／松元綾菜／松本大吾／松本千幸／松山理香／丸山愛海／万戸美輝／見市有利紗／三浦麻乃／三上汐里／三上侑輝／三木花梨／水野千皓／味園史音／三田渚紗／道間優菜／南朝日／南川湖都乃／峰尾仁日夏／宮内ゆき菜／宮城幸代／三宅伊織／三宅葉月／宮﨑樹／宮里美咲／宮澤緒巳奈／宮田鈴菜／宮台和佳菜／宮地直子／宮部真衣／宮本結衣／三輪紗弓／三輪航／村井泰子／村岡ななみ／村上ひな／村澤萌々花／連知生／村田京か／邨田圭亮／村田悠華／村林未奈子／村松奈美／村山遥／米良莉佳／茂木実結乃／持田里美／望月あゆ子／望月麻衣／元田梨沙／森智加／森野々風／森真由美／森友梨奈／森川真唯／森下翔太／森下悠菜／森田恭太郎／森本瑞季／守屋美槻／森山拓洋／森脇奈緒／矢澤陽佳／安川陽菜／安田夏海／安本伊絵菜／柳川莉沙／栁香穂／矢野祥大／山内波奈／山内眞子／山内美南／山縣愛由／山上綾恵／山川奈々／山口航佑／山佐裕佳／山﨑聖乃／山﨑遥／山﨑春奈／山﨑万理乃／山﨑未侑／山城菜海／山田明日香／山田育未／山田純気／山田昂史／山田千聖／山田仁美／山中胡春／山中千絵子／山中美依／山根遊星／山本あき／山本明日美／山本絢音／山本一華／山本絵理／山本果奈／山本直緒／湯浅萌／油布くるみ／油布茉里愛／横沢佑奈／横山友海／吉川さくら／吉際沙織／吉田彩乃／吉田英誉／吉田茉莉／吉成紗百合／吉村唯衣／吉村優里／米田早織／米田ちひろ／米田百合香／脇木福／脇阪梨沙／涌谷佳奈／和家桃花／鷲尾郁織／和田知里／渡邉楓／渡邉佳織／渡辺佳哉子／渡辺周生／渡邊成美／渡辺春菜／渡辺未来／渡辺祐奈／渡沼悠我

**【監修】**
養老孟司（解剖學者 ・ 東京大學　名譽教授）

**【特別協力】**
高桑正敏（神奈川縣立生命之星 ・ 地球博物館　名譽館員）

**【企劃 ・ 調整】**
伊藤弥寿彦（日本甲蟲協會）

**【標本提供 ・ 指導】**
新井孝雄（蟬、蜜蜂）／伊藤ふくお（蝗蟲類）／伊藤弥寿彦（甲蟲、椿象等）尾園暁（蜻蜓）／
木村正明（蛾、脈翅目、蜉蝣目昆蟲等）／栗山定（蝴蝶）／佐藤岳彦（白蟻）／須田博久（蜜蜂）／
谷川明男（蜘蛛）／寺山守（蜜蜂、螞蟻）／長畑直和（螳螂、蠷螋、外國原生昆蟲等）

**【指導 ・ 協力】**
石川忠（椿象）／伊東憲正（蠅、虻、蚊）／宗林正人（蚜蟲）

**【標本提供】**
秋田勝巳／秋山秀雄／遠藤拓也／大野勝示／川田一之／簡野嘉彦／岸田泰則／木下總一郎／木村正三／工藤誠也／倉西良一／柴田佳秀／杉本雅志／清野元之／竹内正人／舘野鴻／朝長政昭／永井信二／中島秀雄／中山恒友／浜路久徳／林文男／間野隆裕／矢後勝也／矢野高広／山田成明／吉田次郎

**【照片協力】**

[特別協力]海野和男（扉頁、2〜3、7、9、11、13〜26、20〜23、26〜28、35〜38、40〜42、45〜48、50〜51、53〜58、61〜62、66〜67、70〜74、75、77〜80、82〜83、85、91、94、96〜100、103〜106、108〜109、111〜117、119、123〜128、130〜131、133、135〜140、142、144、146、149、151〜156、158〜168、170、173〜175、177〜180、183〜184、186〜189、192）

[封面照片] 小檜山賢二　[封面裡] 川崎悟司　[封底裡] 小檜山賢二

青木登（18）／阿達直樹（176）／伊藤ふくお（158）伊藤弥寿彦／（11、69、73、128）／今森光彦（8〜11、16、28、55、137、183）／内山りゅう（151）／小川宏（61、135）／興克樹（2、91）／尾園暁（42、52、94、138〜139、149）／株式会社ネイチャー・プロダクション（41、51、61、106、134〜135、151、175、182）／北添伸夫（175）／工藤誠也（106、107）／栗林慧（17、20、40〜41、51、60、134、152）／國立傳染症研究所昆蟲醫科學部（133、137、185、192）／小檜山賢二（9、23、32、72、75、118、127）／昆蟲文獻六隻腳（22、37）[※寡點蔗龜、Amphicoma splendens 的照片引自豔金龜研究會審定《日本原生豔金龜上科圖說 第 2 卷　食葉群　1》（昆蟲文獻六隻腳刊行）]／佐川弘之（191）／佐藤岳彦（9、12〜13、15〜16、58、77〜79、97、102、108、110、129、131、133、137、185）／白蟻百十番株式會社（129）／新開孝（106〜134）／鈴木知之（60、186）／高井幹夫（2、168〜169）／高桑正敏（19）／高嶋清明（56、68、78〜79、108）／築地琢郎（46、54、133、135、151、171、177、185、187、192）／獨立行政法人　科學技術振興機構　理科 Network（7）／中瀬潤（3、150）／中瀬悠太（137）／永幡嘉之（19、60、127）／增田戻樹（41）／湊和雄（51、182）／山口茂（35、64）／山口進（149、166）／蟲社有限公司（22）[※椰子犀牛甲蟲的照片由蟲社提供]

**【協力】**
伊藤樹應／上田浩一／牛島雄一／内田臣一／川井信矢／菊地茉莉花／日下部良康／小林信之／佐々木明夫／高橋敬一／武田雅志／中里俊英／中村進一／新里達也／新野大／日本大学生物資源科学部博物館／藤田宏／古川雅道／門田渉／吉田讓／分島徹人

**【插圖】**
舘野鴻

**【標本攝影】**
杉山和行（講談社攝影部）

**【編輯製作】**
株式會社　童夢

**【封面 ・ 扉頁設計】**
城所潤＋関口新平（JUN KIDOKORO DESIGN）

**【本文設計】**
原口雅之、天野広和（DAI-ART PLANNING）

國家圖書館出版品預行編目（CIP）資料

昆蟲百科圖鑑 / 養老孟司監修；游韻馨譯 . — 初版 .
— 台中市：晨星，2019.3
　面；　公分 . —（自然百科 ;4）
譯自：講談社の動く図鑑 MOVE 昆蟲
ISBN 978-986-443-832-7　（精裝）

1. 昆蟲 2. 動物圖鑑 3. 通俗作品

387.725　　　　　　　　　　　　　107022023

詳填晨星線上回函
50 元購書優惠券立即送
（限晨星網路書店使用）

# 昆蟲百科圖鑑
講談社の動く図鑑 MOVE　昆蟲

| | |
|---|---|
| 監修 | 養老孟司 |
| 翻譯 | 游韻馨 |
| 主編 | 徐惠雅 |
| 執行主編 | 許裕苗 |
| 版面編排 | 許裕偉 |

| | |
|---|---|
| 創辦人 | 陳銘民 |
| 發行所 | 晨星出版有限公司 |
| | 台中市 407 工業三十路 1 號 |
| | TEL：04-23595820　FAX：04-23550581 |
| | E-mail：service@morningstar.com.tw |
| | http：//www.morningstar.com.tw |
| | 行政院新聞局局版台業字第 2500 號 |
| 法律顧問 | 陳思成律師 |
| 初版 | 西元 2019 年 03 月 06 日 |
| | 西元 2023 年 05 月 23 日（四刷） |

| | |
|---|---|
| 讀者專線 | TEL：（02）23672044 /（04）23595819#212 |
| | FAX：（02）23635741 /（04）23595493 |
| | E-mail：service@morningstar.com.tw |
| 網路書店 | https://www.morningstar.com.tw |
| 郵政劃撥 | 15060393（知己圖書股份有限公司） |
| 印刷 | 上好印刷股份有限公司 |

定價 **999** 元

ISBN　978-986-443-832-7　（精裝）

# 奧妙的

**藍色寶石象鼻蟲**

[ 體長 ]
18～32mm

[ 動作 ]
緩慢

[ 棲息地 ]
新幾內亞島

[ 壽命 ]
卵到成蟲
要1年

## 足的前方
有利爪

利用爪子勾住樹幹，即可
輕鬆爬樹。

## 長口器

大象的鼻子很長，象鼻蟲
的口器很長。口器前端為
顎部，可以啃咬葉子，還能
在樹幹上挖洞。

## 足底有
止滑墊

足底長滿細毛，發揮止滑
墊的作用，走在溼滑表面
也能穩住腳步。